深度思维

隋继周　编著

突破认知边界，提升思维高度

中国纺织出版社有限公司

内 容 提 要

深度思维方法是大脑最强大的武器。相比起浅度思维，深度思维的逻辑链条更长，分析视角更开阔，能够以高效的方法处理复杂信息，也能够在宏观的战略层面上深入认知和深刻剖析事物。作为完善的体系，深度思维能够从根本上解决问题，能够站在更高的角度统观问题，也能够以宏观的视角认知和解决问题。

人人都应该形成深度思维，企业发展也离不开深度思维的指导。但深度思维并非与生俱来的，而是在处理和解决各类问题的过程中不断地进行分析、总结，并坚持进行归纳和凝练获得的。

图书在版编目（CIP）数据

深度思维／隋继周编著．--北京：中国纺织出版社有限公司，2023.12
ISBN 978-7-5229-0930-1

Ⅰ.①深… Ⅱ.①隋… Ⅲ.①思维方法—通俗读物 Ⅳ.①B804-49

中国国家版本馆CIP数据核字（2023）第167231号

责任编辑：林 启　　责任校对：高 涵　　责任印制：储志伟

中国纺织出版社有限公司出版发行
地址：北京市朝阳区百子湾东里A407号楼　邮政编码：100124
销售电话：010—67004422　　传真：010—87155801
http://www.c-textilep.com
中国纺织出版社天猫旗舰店
官方微博 http://weibo.com/2119887771
天津千鹤文化传播有限公司印刷　各地新华书店经销
2023年12月第1版第1次印刷
开本：880×1230　1/32　印张：6.5
字数：105千字　定价：49.80元

凡购本书，如有缺页、倒页、脱页，由本社图书营销中心调换

前言

对于每个人而言，深度思维都是一场修行。这个时代既温暖，也冷酷，要想在这个时代生存下来，可不是一件容易的事情；要想在这个时代里成功地生存下来，则更是难上加难。这个时代节奏很快，每个人都步履匆忙，甚至没有时间停下来仰头看看太阳，低头看看脚下；这个时代信息大爆炸，各种各样的信息扑面而来，网络以前所未有之势席卷全球，仿佛人人离开了网络就不能活；这个时代是开放包容的，给每个人都提供了无限的机会和可能性……遗憾的是，依然有人埋藏于尘埃，但与此同时，也有人绚烂于巅峰。这个时代人人都有可能成为网红，人人都趋之若鹜争当网红；这个时代的数学和哲学已经无限贴近世界的本质，却又依然还有漫长的旅程我们才能探索到人生的真相；这个时代是快餐时代，人人怀念车马慢的日子……这个时代这么矛盾，这么纠结，这么热情，这么冷漠，这么拥挤，而又这么寂寞……这是一个前所未有的时代，而你，也是前所未有的你。

"庄生晓梦迷蝴蝶，望帝春心托杜鹃。"是否曾经有那么一刻，你想要好好地思考人生，却突然之间感到迷惘，不知道自己到底是站在桥上看风景，还是被看风景的人当成是桥上的风景呢？你是否恍惚之间怀疑自己正在经历的一切是真实的，还是只是南柯一梦？仅从这些转瞬即逝的思想火花，我们就不难断定，人类的大脑简直是这个世界最复杂、最精密的机器，到现在依然没有人能够洞察人类大脑所有的奥秘。

思维，是一种极其复杂的心理功能。对于思维，心理学家和哲学家难得地达成了共识：人脑在经过漫长的进化历程之后，才形成了特有的精神活动，这就是思维。思维是一种反应，从本质上来说，思维的方法就是思考的方法。正因如此，每当遇到各种问题的时候，我们才会命令大脑开始运转，想出各种办法解决问题。

每个人的思想和行动都是由思维控制的，每个人的成就和人生也都取决于思维。人们常说，心若改变，世界也随之改变，这里所说的心，其实指的就是思维。作为独立的生命个体，每个人的思维都是不同的，这直接导致每个人对待人生的态度和观点也是不同的，继而产生了不同的行为，催生了不同的结果。无论想要做好什么事情，我们都要形成良好的思维，否则越往后开展，会发现障碍越多，导致情况变得越发复杂起来。无论想要解决怎样的生活难题和工作难题，我们都要进行深度思维，唯有如此才能通往成功。

深度思维是更加高级、更加深刻的思维，所以哪怕是面对更长的因果链条，也完全难不倒它。因为它拥有更长的思维逻辑链，具备更强大的逻辑思维能力，即使面对扑朔迷离的表面现象，只要运用深度思维，就能够拨开迷雾，洞察真相和本质。在千头万绪的线索面前，深度思维具有极强的整合能力，可以剔除那些无用的信息，留下诸多有用的线索，然后对其进行优化组合，为解决问题做好充分准备。深度思维还能够帮助我们突破主观的局限，以更开阔的视角看待问题，也以发散性思维寻找更多解决问题的可能性。深度思维还具有大局观，帮助我们系统性地看待问题，同时注意把握细节，真正做到掌控问题。

当然，深度思维的好处远远不止这么多，重点在于，我们要学会培养深度思维、运用深度思维。本书从各个角度对深度思维进行了剖析，既介绍了深度思维的本质，也教育读者们培养和运用深度思维，还列举了很多生动有趣的经典事例，帮助读者加深对深度思维的理解。相信在学会了深度思维之后，我们一定能够学以致用，在面对各种困境时更加从容，在面对各种危机时临危不惧，在面对各种机遇时果断决策！

要想改变人生，就要从改变思维开始，要想改变思维，就要从阅读本书开始。相信每一位阅读本书的人都会有所感悟，有所收获，从而更加稳健地走好人生的每一步！

编著者

2023年8月

第一章
了解思维不可不知的秘密：
深度的思维，思维的深度

人与人之间最本质的区别就是思维 / 002
思维馈赠给人类的礼物——哲学 / 005
要想提升智慧，必须启迪思维 / 008
不要把失败归咎于外部环境 / 012
思维改变，人生改变 / 016
不给思维设限，让思维天马行空 / 021

第二章
坚持正确的逻辑思维，
才能得出想要的结果

知其然，才能知其所以然 / 026
不被表面迷惑，透过现象看本质 / 030
演绎推理法要从已知条件着手 / 035
你的思考是什么颜色的 / 038
正推不行就倒推，不可或缺的回溯推理法 / 044
抓住线索，寻找真理 / 047

第三章
既要形而上也要形而下，
抽象思维的独特魅力

形象思维的妙用 / 054

想象力是心灵的翅膀 / 058

形象思维离不开兴趣的指引 / 062

以观察为杠杆撬起思维 / 066

不要被障眼法遮蔽视线 / 070

第四章
学会换位思考，
以思维的金钥匙打开对方紧扣的心扉

换位思考是一门艺术 / 076

以换位思考的方法说服对方 / 081

站在对方的立场上看待问题 / 085

即使换位思考，也可以为自己谋利益 / 089

不要强求对方接受你的观点 / 093

改变自己，以适应他人 / 097

无畏下的从众很可爱 / 100

目录

第五章
人生就是一场场博弈，
懂得博弈才能掌握主导权

你会下棋吗 / 106

博弈思维的核心是理性 / 109

学会进行最优化选择 / 113

吃亏是福 / 119

扬长避短，发挥核心竞争力 / 124

第六章
在思辨的世界中，
改变是唯一不变的

有的时候，真理就在转弯处 / 130

偶然之中蕴藏着必然 / 134

即使心怀不满，也要按时启程 / 139

换一个角度，世界就会改变 / 143

塞翁失马，焉知祸福 / 147

第七章
合作时代没有永远的敌人，只有永远的利益

独木难成林 / 154

帮助他人，就是帮助自己 / 156

优势互补，力量倍增 / 161

管理的最高境界就是知人善任 / 165

分享，让快乐加倍 / 169

第八章
登高望远，以大局观和长远目光解决问题

由点及面很重要 / 176

先关注整体，再关注细节 / 179

优化组合，让平凡变得不平凡 / 184

决策的魅力 / 188

要决断，而不要武断 / 192

参考文献 / 197

第一章

了解思维不可不知的秘密：
深度的思维，思维的深度

每时每刻，人都在产生思想活动，因而对于思维并不陌生。但是，要说起真正了解思维的人，却并不多。这是因为思维充满了奥秘，其中有很多奥秘都是未解之谜。人之所以是地球上最高等的生物，有着最令人难以揣测的心思，恰恰是因为思维活动的存在。

人与人之间最本质的区别就是思维

对于同一种事物，拥有不同思维的人会将其用作不同的用途。例如，拥有暴力思维的人会用火药制造枪炮，打击敌人，或者掠夺他人财产，但是渴望和平与美好生活的人，却会用火药制作烟花爆竹，祈求神明天降福祉。这就是思维的神奇魔力。所谓思维，从本质上来说，是人类的大脑根据事物之间的内在关联和客观存在的事物本质规律做出的总结与间接反映，思维就是思考问题的方法，也是在生活中运用思维解决问题的思考模式。

正如人们常说的，思路决定出路。思维方法的不同导致每个人看待问题的方式和思考问题的出发点也不同，这直接决定了每个人都会采取不同的行动方案解决问题，也在面对各种各样的机会时做出不同的选择。如此一来，人生才会呈现出不同的样子，每个人也才会拥有不同的人生收获。

有两个农村人，决定利用农闲时节去大城市打工。一个

第一章　了解思维不可不知的秘密：深度的思维，思维的深度

农村人想去北京，一个农村人想去上海。他们不约而同地来到火车站，在候车厅里等待乘车。在等待的过程中，想去上海的农村人听说上海人特别精明，都不愿意免费给外乡人指路，总之没有钱简直寸步难行；想去北京的农村人听说北京人性格淳朴，心地善良，对于那些无家可归的外乡人，不但送给他们旧衣服，还会送给他们一些食物。想去上海的农村人想：天啊，上海人这么斤斤计较，我要是去了上海肯定会被饿死，还是去北京好，哪怕一时找不到工作也不至于饿死。想去北京的农村人想：天啊，北京人简直比我们农村人更加淳朴善良，不过，工作的机会也更少，我还是去上海吧，随便做点儿什么都能赚钱，实在不行我可以给人带路啊！

就这样，两个农村人互相交换了车票，一个去了上海，另一个去了北京。到了上海的农村人，当晚就找到了工作，本地人不愿意做的脏活累活，他都抢着干，很快就站稳了脚跟。到了北京的农村人，发现很多超市里都有免费试吃的活动，在各个商场的大厅里还可以免费吹空调呢，他虽然没有找到工作，却很舒适地度过了一个月，但这使他变得更加懒惰，更不愿意去找工作了。就这样，几年过去，去了上海的农村人积累了人生中的第一桶金，购买了一个商铺，开始做起了长久的生意。而去了北京的农村人则始终不愿意下大力气赚钱，虽然生活也

还勉强过得去，但是他终究是没有真正融入北京这座城市，只好灰溜溜地打道回府了。

  这两个农村人拥有相同的起点，但是几年之后，他们的境遇却完全不同，这样的天壤之别是由他们的思维决定的。现实生活中，很多人都拥有相似的出身和背景，接受教育的程度也是差不多的，以同样的起点进入同一家公司，在相同的平台上却有了完全不同的发展，正是因为思维不同。有的人在职场上平步青云，官运亨通，有的人却对自己的境遇唉声叹气，自暴自弃；有人获得了梦寐以求的成功，有人却始终与失败纠缠，甚至一败涂地。

  大家都知道，牛顿被一个掉落的苹果砸中，所以有了万有引力的联想。难道世界上只有牛顿被苹果砸中吗？当然不是。必然有很多人都被掉落的苹果砸中过，但是只有牛顿产生了万有引力的联想。这是因为牛顿作为一名科学家，始终在思考与此相关的很多问题，故而能在一次意外事件中迸发思维的美妙火花。

◀ **思维觉醒** ▶

  每一个走在时代前沿的人，都必然有着领先他人的

> 思维模式；每一个能够获得成功的人，也都必然有着成功的思维模式。打个比方来说，思维就像是人的潜力有待发掘，只有那些发掘出思维潜力的人，才能获得成功。反之，如果始终任由思维在脑海中沉睡，那么我们的人生则注定平平无奇，默默无闻。所以从现在开始，我们就要改变自己的思维，让自己变得与众不同。

思维馈赠给人类的礼物——哲学

提到思维，很多人都会立即联想到思想品德课程，实际上，大多数孩子对于这些课程都没有特别深刻的印象，但是对于那些了不起的思想家，他们的印象则更加深刻，例如，苏格拉底、柏拉图、康德，这些给人类留下宝贵精神财富的哲学家。

在我们的印象中，哲学家都是思想深刻、面容冷峻的，仿佛唯有如此才能衬托出他们不食人间烟火的高冷气息。然而，如果说福尔摩斯也是哲学家，你是否会感到意外呢？很多人都喜欢看福尔摩斯系列小说和影视剧，这使得福尔摩斯的形象深入人心——极具高冷范儿，不但英俊，而且气势逼人。他总是穿着一件特别与众不同的风衣，还会戴着一顶高高的帽子。他把后背挺得笔直，还会拿着手杖。他多才多艺，不但有着深邃的思想和广博的见闻，还精通不同的领域。正是因为如此，他才能把很多看似毫无关联的信息梳理清楚，为断案做好充分的准备。

在小说领域，福尔摩斯的洞察能力迄今无人能及，正是因为具备这样的能力，他才能在侦破案件方面屡屡创造奇迹。然而，福尔摩斯难道只是凭着各种技巧和手段才能破案的吗？当然不是。他首先是一个思想家，一个哲学家，然后才是侦探。他拥有属于自己的独特思维方法，这使他很多用于破案的思维方式同样适用于其他领域。从某种意义上来说，他的一整套思维方法已经彻底超越了侦探行为，而是成为一种哲学，一种生存艺术。很多深入钻研福尔摩斯的人会发现，福尔摩斯的哲学告诉我们：在人性中，并没有绝对的善恶；在客观世界中，并没有绝对的存在。

听起来这很抽象，也使人感到费解，那么我们不妨举例进行说明。例如，很多人都在追求爱，也想爱人和被人爱。那么，到底什么是爱呢？从本质上而言，爱不是某种具体的事物，而是不同的人的不同主观感受。有人认为爱是无私的付出和奉献，有人认为爱是怦然心动，有人认为爱是希望对方好，也有人认为爱是占有，爱是强制。总而言之，一千个人眼中就

第一章　了解思维不可不知的秘密：深度的思维，思维的深度

有一千个哈姆雷特，一千个人心里也有一千种不同的爱。再如，对于幸福，每个人的理解和感受也是不同的。有人认为幸福就是要和所爱的人生活在一起，每时每刻都彼此拥有；有人认为幸福就是要锦衣玉食，过着奢华的生活；有人认为幸福就是与家人相守，过着粗茶淡饭的日子；有人认为幸福就是实现自己的目标和理想，让自己的人生更有价值和意义。对于幸福的不同思维方式，使每个人对于幸福的定义都是不同的，也使幸福这一概念具有强烈的主观色彩。

对于以上这些问题，并没有客观统一的标准答案。因为每个人的心理状态不同，所以对于这些问题的回答也是不同的，这就是思维，这就是哲学。哲学是辩证的，强调一分为二地看待问题；哲学是批判的，不盲从权威，不盲目崇拜；哲学推崇实践第一，认为社会实践是正确认知的来源；哲学是超经验的，不允许照搬或者套用教条。

从某种意义上来说，哲学是思维馈赠给人类的最美好礼物。正是因为有了哲学，人们才能涤荡自己的心灵，才能明确人生的方向，才能确定自己的社会地位，才能清楚地认知自己与社会的关系。当一个人具有哲学思维，就能够修养自己的品性，变得冷静沉着，变得充满勇气，变得自信果敢，变得充实有趣。当一个人具有哲学思维，就能够以发展的眼光看待自己

和外部世界；就能够以包容的心态思考很多观点，而不再固执己见；就能够积极地突破和超越自己固有的思维，而不再墨守成规。

> ◀ **思维觉醒** ▶
>
> 古人云，授人以鱼不如授人以渔，哲学的魅力不在于帮助我们解决各种具体的问题，而在于教会我们理性的思维模式，帮助我们提升和锻炼思辨能力。正是在此过程中，我们才能树立正确的人生观和价值观，掌握方法去认知和改造世界，也能坚持进行社会实践，由此而获得源源不断的推动力。

要想提升智慧，必须启迪思维

一直以来，我们都对"知识就是力量"这句话坚信不疑，在个人成长和努力奋斗的过程中，我们也始终坚持这个原则，致力于学习知识和提升能力。然而，事实并非如此。在有些情况下，知识未必是力量，要想提升智慧，就必须启迪思维。这是因为思维才能决定我们面对很多事情的态度，也决定着我们将要采取的方法。

人们之所以会产生这样的误解，是因为他们把知识与智慧混淆了。知识的多少代表着我们对外在客观世界的了解达到了怎样的程度，而智慧的高低则意味着我们是否具备相应的能力驾驭和运用知识。对于发展智慧而言，具备思维能力是至关重要的。

很久以前，一个希腊的年轻人四处求学，只想要掌握更多的知识，更深入地了解和认知世界。他走了很远的路，到达了世界上的很多国家，也如愿以偿地向那些拥有渊博学识的学者学习。这些学者看到年轻人为了求学不辞辛苦，不畏艰险，都非常感动。他们毫无保留，把自己的毕生所学对年轻人倾囊相授。随着学习的知识越来越多，年轻人却渐渐地感到困惑。原本，他认为自己在学习到更多的知识后会变得更加通达，对于很多事情都能洞察本质，然而事实却恰恰与此相反，他越来越觉得自己很无知，看待问题流于表面，非常肤浅。这是为什么呢？

年轻人为此陷入了极度的苦恼中，茶饭不思。为了解决这个疑惑，他特意去深山里拜访一位智者。他在大山里艰难地跋涉，石头磨穿了他的鞋子，荆棘刺破了他的皮肤，但是他无所畏惧。最终，他来到了智者面前，把自己的烦恼和盘托出。他虔诚地请求智者帮助他摆脱苦恼。听完年轻人的倾诉，智者沉思片刻，缓缓地问道："你是想求知识，还是想求智慧？"面对智者的灵魂拷问，年轻人大感震惊，他说："圣人，知识就是智慧，智慧就是知识啊！"智者笑着回答道："非也，知识和智慧是有大不同的。知识是外在的，正是因为如此，你所学到的知识越多，你的疑惑也就越多。智慧是内在的，你越是了解自己的内心世界，你越是能感受到心灵的力量，自然也就不会被烦恼困扰了。这就像是一个人拿着钝刀早早地上山砍柴，而另外一个人先把刀磨得锋利再上山砍柴。"年轻人恍然大悟，从此不再急于学习知识，而是积极地思考，让自己内在通达，很多疑惑的确迎刃而解了。

我们要想认知客观事物，首先要接触外部的世界，形成对外部世界的感知和印象；其次要整理和改造对外部世界的综合印象与感觉，从而了解事物的本质，洞察事物的规律，这样一来就从感知认识阶段进行了质的飞跃，进入理性认知阶段。在现实生活中，很多人掌握了很多理论知识，但是在面对现实的问题时却一筹莫展，束手无策，这是因为他们是死学知识，而没有对知识加以灵活运用，更不能做到举一反三，付诸实践。所谓读书，目的在于活学活用，而非单纯为了应付考试，考取高分。只有那些能够做到活学活用、举一反三的人，才是真正有思维能力的人，也才能获得长远的发展。

古希腊大名鼎鼎的哲学家赫拉克利特也曾经说过，知识与智慧之间是不能画上等号的。对于一个人而言，掌握知识是低级层次的素质，拥有智慧才是更高层次的素质。如果把知识比喻成人体摄入的食物，那么智慧则是人体从这些食物中汲取的营养物质，在这期间，思维起到了至关重要的消化作用，把食物转化为营养物质，为人体提供必需的养料。一个人必须具备强大的消化功能，才能从食物中汲取更多的营养物质，供给自身成长。如果一味地贪吃，消化功能却很差，那么即使摄入很多优质的食物，也会产生积食腹胀的情况，给身体增加负担。由此可见，思维能力是非常重要的，能够帮助我们消化和吸收所学习的知识，也能够帮助我们提升实践能力。

◀ **思维觉醒** ▶

当然，知识与思维是同样重要的。消化功能再强大，如果没有食物摄入，那么消化功能就无法起到良好的作用。所以，消化功能发挥作用的前提是摄入食物，也就是学习知识。从这个意义上来说，尽管我们强调了思维的价值和意义，却也并不意味着我们是在贬低知识的价值。众

> 所周知,知识是思维存在的核心,必须先积累知识,才能运用思维,灵活地运用知识解决实践问题。从这个意义上来说,要想提升自身的智慧,学习知识与启迪思维都是必不可少的,它们彼此互相依赖,互相支持,互相促进。

不要把失败归咎于外部环境

人人都想获得成功,这是因为成功能够给我们带来无上的荣耀,也能帮助我们实现自身的价值和意义。相比之下,失败就没有那么受欢迎了,这是因为失败会打击我们的自信,使我们对于未来失去希望和憧憬。尤其是在非常努力却遭遇失败的情况下,我们还很有可能一蹶不振,在沮丧和失望之余怀疑自己的能力,也抱怨命运不公。

趋利避害,是人的本能。每当回忆过往的时候,有的人为自己曾经的努力拼搏而感到骄傲,认为自己得偿所愿都是努力的结果;有的人却为自己喊冤叫屈,因为他们虽然努力了,却没有得到预期的回报,虽然始终不遗余力地追求成功,却最终与成功失之交臂。这使他们怨声载道,不是认为自己的出身不够好,自己的父母不够给力,就是抱怨自己的运气不好,没有得到贵人相助,甚至抱怨自己生不逢时,没有那么多的机会尽情展示自身的能力。总而言之,他们把失败的所有原因都归结于外部世界,认为自己之所以遭遇失败,全是外部环境不如意导致的。

不得不说,这样的想法大错特错。一个人想要获得成功必须具备综合因素,同样的道理,一个人失败的原因也绝非是单方面的。例如,一个人有可能缺乏资源,也有可能置身于恶劣的环境中,但是只要能够积极地改变思维,积极地面对各种问题,就可以做到"不为失败找借口,只为成功找办法"。很多时候,人们会选择半途放弃,甚至在还没有开始的时候就被各种难题吓住了,不愿意继续努力和尝试。只有那些勇敢地迈出第一步,并且在坚持过程中始终排除万难的人,才能守得云开见月明。

古往今来,但凡成功者都没有一帆风顺的,很少有人能够一蹴而就,成功更不会从天而降,就像是大奖一样梦幻般地砸到我们的身上。对于大多数人而言,改变外部的人和事情都是很困难的,但是改变自己却很容易。只要改变思维,我们就能以崭新的视角和态度看待周围的一切,也就能够利用有限的资源获得最好的收益。

小薇经营着一家礼品店。刚开始时，她只是使用昂贵的包装纸包装礼品，为此客户在购买礼品时都为额外增加的包装费而感到不满，有些客户甚至因此而放弃了购买行为。小薇的生意越来越差，到了快关门的地步。在一次偶然的机会中，小薇看到有一家包装纸店铺开始售卖报纸图案的包装纸，看起来别有韵味。但是，和普通的礼品纸相比，报纸图案的包装纸更加昂贵。小薇灵机一动，想到："真正的报纸上是有文字的，而且文字是有主题和思想的。既然如此，我为何不利用废旧报纸来包装呢？还可以把报纸的内容与礼品的主题相契合，起到更好的效果。"

　　小薇说干就干，马上联系了很多单位，长期以低价收购废旧报纸。为了起到做旧的效果，她还把这些报纸放在烈日下暴晒，使得报纸发黄，更具有时间的韵味。后来，小薇利用这些废旧报纸免费为客户包装礼品，出人意料的是，这样的包装纸一经推出，就广受客户好评。后来，小薇还开拓了鲜花业务，用废旧报纸包扎几朵鲜花，就能凭着怀旧意味而售卖火爆。就这样，小薇的礼品店起死回生，她很快就开了好几家连锁店，主打怀旧风格。

　　面对很多看似无解的局面，只要我们尝试着换一个思路思考问题，或者换一个角度看待问题，也许就会有惊喜的收获。正如上述事例中，小薇正是受到报纸图案包装纸的启发，转变了经营理念，从收取客户不菲的包装费用，到利用发黄的旧报纸按照主题给礼品提供免费包装服务，使礼品店的经营打开了前所未有的局面。

每个人在做事情的过程中都会遇到各种各样的难题和障碍，最重要的在于，我们不要被这些难题困住，而是要积极地打开自己的思路，采取发散性思维去解决问题。尤其是要张开想象的翅膀，不要拘泥于已有的思路，也不要被束缚在老套的解决方法中。正所谓办法总比困难多，锲而不舍的人，总能想到办法解决问题。

众所周知，新加坡是一个特别小的国家。1972年，新加坡当时的总理李光耀收到了新旅游局的一份报告，大概意思是说新加坡的旅游资源极其匮乏，除了拥有阳光外，仿佛没有什么能够吸引其他国家的人前来旅游观光的。对此，李光耀给出的回复是，阳光就是上帝给予我们的最好礼物。后来，新加坡凭着优越的光照条件，在全国范围内种植了很多奇花异草，把自己打造成为花园城市。就这样，新加坡虽然没有埃及的金字塔，没有日本的富士山，也没有中国的长城，却凭着美如画的环境，连续多年蝉联亚洲第二大旅游国家的称号。

无论做什么事情，我们都要以灵活的、创新性的思维进行资源整合。没有人天生具备所有的资源，也没有人天生具备无可挑剔的环境。人生恰如牌局，只有把一手烂牌打得出彩才是真本领。是啊，只要有阳光就够了。充分地利用这"有限"的资源、将其赋予"无限"的创意思维。面对人生的诸多不如意，我们一定要开阔眼界，改变思维，积极地去寻找和努力地创造资源，这样才能真正走上属于自己的成功之路。

◀ 思维觉醒 ▶

真正的强者不会抱怨自己得到的机会太少，拥有的资源太少，而是会开动脑筋积极地思考，激发自己的无限创意。当我们真正形成了创造性思维，那么即使我们拥有相对少的资源，也能够拥有令人耳目一新的新鲜创意，开拓令人振奋的新局面。

思维改变，人生改变

对于成功，很多人都存在着严重的误解，即认为每一个成

第一章 了解思维不可不知的秘密：深度的思维，思维的深度

功者或者具备某种独特的天赋，或者具备某种神奇的魔力，或者具备某些常人所不具备的能力。正是因为对于成功有这样的误解，大多数人才认定自己是不可能获得成功的，这使得他们对于成功从来不抱有任何希望，甚至觉得哪怕天上掉馅饼，自己都不可能获得成功。怀着这样的思想，一个人怎么可能有机会真正地获得成功呢？这种先入为主的思想可谓害人不浅，因为它扼杀了人们内心中的希望，也使人们对于成功彻底放弃尝试和努力。

对于每个人而言，真正囚禁他们的正是他们的思维。反之，如果一个人拥有自由的思想，哪怕身陷囚牢，也能自由地翱翔，天高地远。正确的思维是：我们每个人都掌握着成功的要素，我们每个人是唯一能够决定自己能否获得成功的人。当我们做到放飞自己的思想，我们就可以飞到自己的心所能抵达的地方。

老张和老伴吵吵闹闹，磕磕碰碰，已经走过了50年婚姻的旅途。他们非常幸运，儿女们都很孝敬。为了让父母度过难忘的金婚之旅，儿女们一起出资，为他们购买了豪华客轮旅游套餐，还为他们订好了头等舱的套房。老张夫妻开心极了，逢人便说儿女们的心意，无比期待这趟旅程。

出发的日子终于到了。老张夫妇走上豪华游轮,仿佛置身于梦境。豪华游轮的大厅里悬挂着华丽的水晶灯,还有一位钢琴家正在为游客们演奏美妙的钢琴曲。在套房里,各种设施一应俱全,仿佛回到家里般惬意。不过,到了用餐的时候,他们却开始发愁起来。原来,他们无意间看到了餐厅的价目表,发现哪怕是一碗面条就要几百元,更别说是海鲜大餐和红酒了。老张夫妇一琢磨,决定就吃他们提前买好的方便面、牛奶和面包。转眼之间,为期半个月的旅程要结束了,老张夫妇面黄肌瘦。在最后一天即将上岸时,老张对老伴说:"算了,豁出去了,咱们去吃自助餐吧,看起来非常美味呢!就当作是这趟金婚之旅的完美收官。"这么想着,老张夫妇带着如同英勇就义般的神情走向餐厅,在告诉服务生要吃自助餐之后,老张忐忑地询问服务生:"小伙子,我们需要付多少钱?"服务生惊讶地看着老张夫妇,说:"老先生,您住的是头等舱的套房,价值不菲,一日三餐都是免费供应的,餐厅里的东西你们可以随便吃。关于这一点,我们已经在船票背面进行了详细说明,难道你们不知道吗?"说完,服务生就离开了,只剩下老张夫妇陷入了无尽的懊悔中。

看到这个故事,相信有很多读者朋友都会会心一笑,这是因为在现实生活中，我们也时常会犯和老张夫妇一样的错误。我们总是带着先入为主的观念，以固有的经验去解读很多新鲜的事物，也不愿意改变现状，甚至连尝试着改变现状的想法和念头都没有。这就是墨守成规的思维方式，它带给我们的往往是遗憾。

和老张夫妇一样，老宋头也是一个墨守成规的人。在离开老家去帮助女儿带孩子之前，女儿帮助老宋头买了一辆崭新的电动车。才骑了两个月，老宋头和老伴就投奔女儿而去了。这一去就是两年。等到孩子两岁了，老宋头和老伴回家探望长辈，老伴说："咱们家很偏僻，也不好打车，要不试一试电动车还能不能骑吧？"老宋头连想都没想，就把头摇得和拨浪鼓一样，说："电池放一年就报废了，肯定不能骑。"就这样，老宋头和老伴骑着自行车去探望老人，累得够呛。又过去两三年，女儿托人把电动车运到了自己所在的城市，原本想换一块电池自己骑，结果发现电动车的电池好好的，还能骑行几十公里呢！老伴得知后不由得抱怨老宋头："之前回家都骑自行车，连试都不愿意试一试电动车，放着电动车不骑，快把我累死了。"女儿也抱怨老宋头："几次三番让您充电试试，您就是不愿意试，非说电池一年就报废，白挨累了。"事实摆在眼

前，老宋头很不好意思，只得不好意思地笑一笑。

其实，对于老宋头而言，既然有现成的电动车，充电试一试好不好骑又不费力气，却只是因为他固执己见，就白白挨累。生活中，很多人都和老宋头一样固执己见，不愿意轻易改变自己的想法，而是坚持自己的老思想。正是因为如此，他们才会被禁锢在自己思想的囚牢中，无法挣脱。

在很多情况下，限制我们的并非是外部的世界，而是我们的内心。任何人都要积极地打破现状，都要积极地改变思想，都要积极地尝试新鲜事物，才能紧跟时代的潮流，而不至于被快速发展的时代远远地甩下。当我们审时度势地转换自己的思维，就能够让自己的思路变得越来越清晰，就能够让自己的视野变得越来越开阔，与此对应的是，我们做事的方法就会更加灵活，更加高效。

◀ 思维觉醒 ▶

心若改变，世界就会随之改变。更为具体地说，思维改变，人生的轨迹就会变得不同。从现在开始，就让我们以灵活的思维拓宽人生的道路，也引领着自己走上人生的康庄大道吧！

第一章 了解思维不可不知的秘密：深度的思维，思维的深度

不给思维设限，让思维天马行空

威克教授在美国康奈尔大学任教。他曾经做过一个非常有意思的实验。他准备了一只透明的敞口瓶子，然后把瓶底朝着光亮的方向置放。接着，他在瓶子里放入了几只苍蝇，只用了短短的几分钟，苍蝇就乱飞乱撞地四处碰壁，一旦碰壁就改变方向，因而很快就找到了瓶口，成功地从瓶子里飞了出去。后来，他又在瓶子里放了几只蜜蜂。这些蜜蜂只知道朝着光亮的方向飞去，即使碰到了透明的玻璃瓶底上，它们也不愿意改变方向。数次之后，蜜蜂经过碰撞全都晕头转向，奄奄一息。但是它们依然朝着光亮的瓶底飞去，也许它们会重复这个动作直到筋疲力竭，失去生命吧！通过这个实验，威克教授得出了一个道理，即和坐以待毙相比，哪怕是横冲直撞也意味着更多的生机。

当看到蜜蜂固执地撞向瓶底，很多人一定会非常着急，恨不得学会蜜蜂的语言，提醒蜜蜂要改变方向。然而，他们却没有意识到，在现实生活中，他们的思想恰如蜜蜂，也常常会固执地坚持某个方向，受困于一隅，而不愿意做出改变。虽然蜜蜂素来是勤劳的象征，而苍蝇则为人讨厌，但是在面对自己固执僵化的思维时，我们恰恰要学习苍蝇的横冲直撞，在绝境中

找到一丝丝生机，在死胡同里为自己找到一条出路。

曾经有一位伟大的思想家被投入监狱里，但是他说没有任何囚牢能够限制和禁锢他的思维，这是因为他的思维长出了翅膀，是无拘无束的，是绝对自由的。相反，有些人虽然拥有自由身，却总是自我限制，自我禁锢，使自己的思维保守僵化。不仅个人如此，某个时代也会出现思维僵化的现象。

在哥白尼提出"日心说"之前，在天文学界中，"地心说"占据统治地位，这使哥白尼提出日心说的过程遭受了重重阻碍；牛顿的万有引力曾是无懈可击的绝对真理，直到爱因斯坦发现了相对论，万有引力的地位才被撼动。不得不说，人都是有惰性的，人们总是倾向于坚持现成的结论，而不愿意调动自己的思维进行更为深入和全面的思考。正是因为爱因斯坦和哥白尼无所畏惧，那些固有的理论才会在被质疑的情况下渐渐地无法站稳脚跟，渐渐地让位于更先进、更正确的理论。

作为普通人，我们当然无法与牛顿、爱因斯坦、哥白尼相提并论。但是，我们却和他们一样可以拥有自由自在、无拘无束、天马行空的思想。不管是对待学习还是对待工作，我们都要学习苍蝇的精神，既然找不到出路，那么不妨横冲直撞，如同脱缰的野马一样四处奔腾，为自己开拓出一条生路来。有的时候，我们还会误打误撞发现很多新奇的事物和思想呢！

第一章　了解思维不可不知的秘密：深度的思维，思维的深度

1782年的冬天特别寒冷，在一个寒风刺骨、滴水成冰的夜晚，孟格菲兄弟冻得瑟瑟发抖，他们找出很多废纸，将其点燃，想要依靠这样的方式取暖。他们感受到了废纸燃烧的温暖，也看到纸灰被不断升腾的热气推向房顶。就在这时，他们脑海中灵光一闪，有了一个极其大胆的想法：既然纸片能被热气推向屋顶，那么人能否被更大量的热气推向天空呢？他们为自己的想法激动不已，很快就四处寻找结实的纸张和麻布，一起动手齐心协力地制作了造型奇特的彩色大气球。为了验证自己的想法，他们找来八个身强体壮的男人，从各个方向打开口袋，同时对口袋内部的空气进行加温。很快，口袋如同他们预想的那样飞到了天空中，高达数百米。看到这个奇怪的现象，法国国王叹为观止。

很多人都曾经有过烤火的经历，但是他们只顾着取暖，却忘记了观察，更没有开动脑筋进行思考。孟格菲兄弟无疑制造出了前所未有的热气球，取得了很大的成功。他们异于常人的地方就在于，他们的思维是自由的，是发散的，是极富创造性的。当然，创造力并非与生俱来的。很多情况下，固有的知识会限制我们的思维，使我们没有机会发展创造力，甚至还使得我们的思维变得僵硬，缺乏生机和活力。

为了打破这样的现象，我们就要有意识地发展自己的思维，突破自己的思想局限。对于任何事情而言，只有想到，才能做到。反之，如果连想都不敢想，那么就根本不可能做到。

◀ **思维觉醒** ▶

在面对生活和工作的过程中，我们常常会被很多看似无解的问题困住，甚至出现思维短路的现象。这个时候，不要一味地苦思冥想，可以给自己放个假，让自己暂时放下思考的难题，去做一些轻松愉悦的事情。很多时候，思维上的灵光乍现正是在我们放松状态下才会出现的。总而言之，不要再束缚自己的思维了，当你的思维拥有一片广阔的原野，你的未来就会有无限的可能性！

第二章

坚持正确的逻辑思维，才能得出想要的结果

逻辑如果错了，我们就不能得出正确的结果。身处信息时代，各种各样的信息扑面而来，复杂繁冗，如果不能从诸多信息中挑选出对自己最有用的信息，并加以梳理和整合，那么我们就会沉入信息之海中，沉沉浮浮，起起落落。只有当懂得且学会运用逻辑学，我们的人生才会变得明朗起来。

> 深度思维

知其然，才能知其所以然

在学校里，根据对知识的了解程度，可以把学生分为两类。一类学生对知识刻苦钻研，遇到不懂不会的地方必然会寻根究底，直到彻底弄明白为止。另一类学生则恰恰相反，即对于很多知识都不求甚解，囫囵吞枣。这是为什么呢？毫无疑问，前者有着强烈的求知欲，所以才会在学习的过程中拥有钉子精神，而后者则更加注重学到的什么知识，却从不会追问这些知识为何会以这样的面貌呈现，为何是这样的。古人云，知其然，更要知其所以然，恰恰告诉我们要探寻知识的来源，洞察知识的本质，这样才能做到不但掌握知识，而且能够灵活地运用知识。

不求甚解是非常糟糕的学习习惯，很多孩子对待学习始终抱着不求甚解的态度，所以在懵懂地学习了若干年之后，依然对于自己的未来缺乏规划，更没有树立远大的理想。例如，很多高三学生高考结束，却没有目标的大学，也不知道自己想要从事怎样的工作；很多已经步入职场的年轻人看似很努力地工作，但是他们工作的目的只是为了挣钱，而对于自己的职业发展和人生没有任何规划。在这个世界上，万事万物之间都是有因果关系的，每个人都要积极地投入思考中，这样才能搞清楚每件事情、每个计划和每个行动的动机与原因。唯有做到这一点，我们才能预测每个计划、每件事情和每个行动将会产生怎样的结果。

人生是漫长的，又是短暂的。在人生的旅途上，如果我们只顾着急急忙忙地前行，而忽略了自己想要去往怎样的目的地，那么就会南辕北辙，甚至迷失方向。常言道，磨刀不误砍柴工，不管生活多么忙碌，我们都应该暂停片刻，认真地思考我们为何要如此疲于奔波，内心却无比空虚和寂寞。

为了让人生更加充实且有意义，我们一定要养成勤于思考的好习惯，不管面对什么事情，我们都要有打破砂锅问到底的精神，都要坚持追根溯源。这么做是有很多好处的，例如，科学家之所以能够在科学领域有很多新发现，恰恰是因为他们坚持思考；发明家因为人们挂在嘴边的"怎么这么麻烦啊"发明了改变人类社会生活的伟大工具，就是因为他们坚持思考；哲学家每时每刻都在思考人生，所以才能从很多看似平淡无奇的小事中顿悟人生的大道理。这些伟大的人物都向我们证明了思考的重要性。

一个人之所以能够获得进步，是因为寻根究源；一个国家或者一个民族之所以能够获得进步，也是因为拥有探求的精神。世界上的万事万物之间都有因果关系，一个特定的原因或者某些原因促使产生了某个结果，但是这其中的关系需要我们运用逻辑思维去拨开迷雾，洞察真相。生活中所有的现象都不是偶然发生的，很多时候，我们只看到果，而忽略了因，这使我们浅尝辄止，不能透过现象看本质。就以人人都趋之若鹜的成功为例，大多数人都看到了成功者的光鲜亮丽，却忽略了成功者之所以能够获得成功，在不为人知的背后付出了艰苦卓绝的努力和长期的坚持。例如，提起华为，人人都会想到任正非。难道任正非天生就擅长网络，也具有商业头脑吗？当然不是。通过了解任正非的成长史和创业史我们不难发现，任正非具有越挫越勇的精神，从来不会因为一时失败的打击就一蹶不振，轻易放弃。所以说，任正非的成功只是他努力的结果，而非从天而降的奇迹。

如今，很多人为了追求成功，都热衷于看名人传记，也会抓住各种机会听成功者的励志演讲。然而，每个人的成功都有自己独特的方式方法，只靠着复制是无法获得真正属于自己的成功的。从根本上而言，我们必须学习像成功者那样思考，也采取成功者的思维去解决问题，才有可能距离自己梦寐以求的成功越来越近。换言之，我们要透过成功者成功的表象，看到他们成功的本质原因，概括出成功的规律，最终结合自身的情况探寻到属于自己的成功方法，这才是符合因果道理的。

对于孩子的十万个为什么，很多父母都会耐心地回答，也有极少数父母会感到厌烦，因而对孩子敷衍了事，甚至责怪孩子的问题太多。父母们一定要知道，无论是对于孩子而言，还是对于成人而言，积极地提问"为什么"都是非常宝贵的品质，因为这意味着提出问题的人开动脑筋进行了深入的思考。如果我们能够多多询问自己为什么，如果我们愿意短暂地停留片刻面对自己的内心，那么相信我们就会走好未来的人生道路。

看到这里，也许有些成年人会说，每天不但要完成任务繁重的工作，还要完成琐碎的家务，照顾年幼的孩子和年迈的老人，我们哪里有时间思考呢？的确，现代人的生活节奏越来越快，生活压力越来越大，但是即便如此，也要学会思考，坚持思考。例如，我们可以采取默念的方式训练自己的思维，使自己无声地思考，这样的思考随时随地都可以进行。再如，我们要学会三思而行，也要学会制定计划。在有了好的想法和创意之后，计划能够提升可行性，继而就是坚持付诸行动。

> ◀ 思维觉醒 ▶
>
> 最重要的是，不管面对怎样的生活，或如意，或不如意，都不要悲观绝望，也不要沮丧放弃。任何时候，我们都要保持鲜活的内心，都要坚持有深度的思考，这样才能反思自己，反思生活，从而找到生活的正确道路，坚持生活的正确道路。

不被表面迷惑，透过现象看本质

很多时候，我们对待生活中的一切事物都浅尝辄止，只看到表面现象就会感到满足，也凭着粗浅的表面现象做出很多选择和决定。长此以往，我们的生活渐渐流于肤浅，我们的心流也时断时续，面临干涸。每个人都是有思想的，要想具备思维的深度和广度，就要坚持透过现象看本质，这样才能如同孙悟空一样炼就火眼金睛，一眼就识破妖怪的假面，也一眼就能把握各种机会。

遗憾的是，太多人都忙于生活。作为现代人，每天清晨起床在简单的洗漱之后就要赶去搭乘公共交通工具，在拥挤的地铁里哪怕被挤成沙丁鱼也要保持屹立不倒的姿势，等到好不容易赶到单位附近，就在路边摊买一份早餐边吃边走，步履生风之余恍惚觉得自己是个成功人士，时间宝贵，却在进入写字楼的小隔间中那一刻认清了现实：终于赶在最后一分钟打卡了，不会因为迟到被扣钱。这个时候，太阳虽然已经升起，职场人却不能沐浴第一缕阳光。夜幕降临，繁星点点，万家灯火，职场人才能揉搓着因为一整天都对着电脑的又酸又胀的眼睛，万分疲惫地走出写字楼，再奔波回到家里，当即扑倒在床上，连洗澡的力气都没有了。日复一日，年复一年，青春就这样在两头不见太阳的奔波忙碌中悄然流逝。在如此紧张压抑的生活节奏中，我们哪里还有时间拨开迷雾，透过现象，看到问题的根源和本质呢？然而，越是如此盲目地忙碌，我们越是会远离初心。真正明智的做法是，不管多么忙碌，都要停下匆匆的步履，看一看太阳，感受沐浴阳光的温暖，都要抽出时间来好好地思考人生，明确自己想要怎样的生活。

如果人生一程，我们唯一的收获是远离了自己的内心，那么这样的生活不要也罢。要记住，工作只是生活的手段，而非生活唯一的目的。在解决了温饱问题之后，我们更应该贴近和关注自己的心灵，保持内心的生动与鲜活。唯有坚持这么做，我们才能渐渐地形成深刻与犀利的思想，也才能在面对很多问题时都一针见血，一语中的。当思想变得深邃，我们才能对人生形成通达的态度，也才能对未来做出明智的决断。

有一对好朋友，一个是逻辑学家，另一个是工程师，结伴去埃及旅游。来到埃及后，他们和很多游客一样第一站就是参观举世闻名的金字塔。有一天，逻辑学家留在宾馆里休息，工程学家则去大街上闲逛。走着走着，工程学家看到街边站着一个老妇人，老妇人面前摆放着一只黑猫，黑猫身上还贴着一张纸，上面标价600美元。工程学家被这只黑猫吸引，忍不住停下脚步，拿起黑猫仔细把玩起来。

工程学家问老妇人："老人家，你为何要卖这只猫呢？"

老妇人解释道："这只玩具猫是祖传的宝物，已经传了好几代人了。但是，我的儿子身患重病，急需一大笔手术费，这才拿出来卖掉。"

工程学家心中暗喜，发现这只猫拿在手里很有分量，看起来浑身黑漆漆的，他认为这只黑猫应该是用黑铁铸就的。他不动声色，佯装不经意地仔细观察黑猫，发现黑猫的一对眼睛居然是珍珠镶嵌而成的。他问老妇人："我不太喜欢这只猫，太重了，我没法带回去。不如，我出500美元购买这只猫的两只眼珠吧，你觉得行不行？"

听到工程师的出价，老妇人欣喜若狂，连声地说："当然可以，当然可以，谢谢你，好心的人！"就这样，工程师以500美元购买了玩具猫的两只眼睛。他捧着眼睛喜滋滋地回到宾馆，当即向逻辑学家炫耀。逻辑学家得知事情的经过后，立即奔到大街上，果然在工程学家描述的地方找到了那个老妇人。因为把猫眼睛卖出了500美元的高价，老妇人只要100美元就愿意卖出黑猫。逻辑学家爽快地付了100美元，买下了这只猫。

逻辑学家如获至宝地抱着黑猫回到宾馆，工程学家忍不住嘲笑他："这只无眼的黑猫没有任何价值，只能卖废铁了。"而逻辑学家对工程学家的嘲笑充耳不闻，当即拿出一把小刀开始仔细地刮掉黑猫身上的漆黑表层。渐渐地，黑猫的本色露出来了，原来，这只黑猫居然是用纯金锻造的。当初，锻造这只黑猫的人一定是担心一只纯金的猫太过扎眼，才会给它全身喷上黑色用以伪装。看到逻辑学家只花费100美元就购买了一只纯金的猫，工程学家懊悔不已，当即觉得自己花费500美元购买的一对猫眼不那么可贵了。

这下子，轮到逻辑学家嘲笑工程学家了，他说："虽然你火眼金睛，一眼就发现这只黑猫的眼睛是用珍珠镶嵌而成的，但是你只顾着为买到一对珍珠而高兴，却没想到一只铁铸的黑猫怎么可能用价值昂贵的珍珠做眼睛呢。这只黑猫必然本身价值不菲，才会拥有一对珍珠做成的眼睛。你呀，错就错在没有深入思考，不能透过现象看本质！"工程学家羞愧地低下了头。

逻辑学家的分析是非常有道理的。在面对生活中的很多事物时，我们也应该运用概念、判断、推理等方法，进行深入的逻辑思考，从而透过事物的表象，看到事物的本质，继而以抽象、概括、总结、比较和分析等方法，得出事物的规律。逻辑学家正是凭着猫身和猫眼之间的内在逻辑，以更少的价格获得了更大的收益。

◀ **思维觉醒** ▶

在这个世界上，所有的事物之间都有外在或内在的联系。对于外在联系，我们当然是更容易发现和看到的。对于内在联系，我们则要运用缜密的逻辑思维，才能透过现象看到本质。在很多情况下，事物只会呈现出显而易见的表面现象，而真相如同冰山一样隐匿在汪洋之下。我们不应该满足于只看到冰山一角，而是要看到藏在汪洋之下的冰山全貌。

演绎推理法要从已知条件着手

在两千多年的时间里,人们始终相信亚里士多德的论断,即物体的质量与物体自由落体运动的速度是成正比的。然而,伽利略运用演绎推理法,进行了"比萨斜塔实验",轻松地推翻了亚里士多德的论断,使人们重新认识了正确的自由落体定律。虽然现在讲起来很简单,但是亚里士多德的论断毕竟已经存在了两千多年,所以伽利略在进行实验之前,可是进行了一番细致的思考。

那么,演绎推理法为何如此神奇呢?到底什么是演绎推理法呢?所谓演绎推理法,从本质上来说是一种思维方法,即以很多已知命题作为依据,根据命题与命题之间的必然逻辑联系,推导出新命题。人们运用演绎推理方法,能够以已有的认识作为出发点,推出新的认识,也进行论证,从而实现反驳或者证明某个命题的目的。这使演绎推理法作为实用的方法,经常被人们用来寻求问题的根源,提出解决方案,彻底解决问题。由此可见,运用演绎推理方法的重点在于从已知条件着手。

在一家工厂里,堆积着很多煤炭作为储备资源。有一天,这些储存的煤炭突然发生了自燃，在工厂里引起了严重的火灾，使工厂损失惨重。因为工厂的生产是以煤炭为主要能量的，所以工厂必须储存煤炭，这就排除了不再储存煤炭的解决方案。为了避免再次发生类似的情况，工厂特意邀请专家，帮助解决煤炭自燃的问题。

为了从根本上解决问题，专家首先需要弄明白：一堆储存的煤炭为什么会自燃，继而才能制订有效的防火方案，避免再次发生类似的情况。专家查阅了很多相关的资料，得知煤炭是地质时期的植物深埋在地下，在细菌作用下先是形成泥炭，继而因为压力增大、水分减少和温度升高等诸多因素的共同作用而渐渐形成的。换而言之，煤炭是由有机物组成的，必须在有氧气且达到一定温度的情况下，经由缓慢氧化持续地积累热量，促使温度升高到一定限度才会自燃的。因而，专家从产生自燃的因果关系为出发点综合考虑，最终提供了有效的解决措施，彻底了解决了煤炭自燃的问题。具体措施如下：

1.不要过长时间储存煤炭，要采取滚动制储存煤炭。

2.监控煤炭的温度，使煤炭的温度保持在安全范围内。

3.不要把大量煤炭都堆放在一起储存，而是要分开储存。

4.清理煤炭周围的各种易燃物，这样就可以避免起火。

5.增强煤堆的密度，这样就能有效阻隔空气。

6.在煤堆中设置通风的孔洞,这样就能有效降低温度,避免温度超过安全限度。

工厂立即采取了这些措施,果然再也没有发生煤炭自燃的情况。

专家之所以能够全面有效地解决问题,恰恰是采取了演绎推理法,从已知条件出发,结合现实的情况进行全面的思考,也提供细致周到的解决方案。

不管解决什么问题,都要从现实的已知条件出发,这样才能切实有效地解决问题。如果忽视已知条件,只是照搬理论上的解决方法,那么未必能够起到良好的效果。其实,不管是解决煤炭自燃问题,还是在科学领域里深入钻研或者潜心发明,都离不开演绎推理。演绎推理法作为一种思维方法,被诸多成功者证明是行之有效的。

通常情况下,在掌握了一般规律之后,我们就需要用到演绎推理法,才能从一般到具体,把规律运用于具体实践,用来解决具体问题。经常运用演绎推理法解决问题的人,思维方式往往更加缜密周到,无懈可击,也会表现出更强的一致性。这是因为演绎推理中的推导过程是紧密联系、环环相扣的。在推理的过程中,前提与结论存在着各种各样的关系,或是转折,或是递进,或是因果。推理成立的前提是,这些关系都必须能够经得起推敲,彼此之间没有逻辑性错误。

> ◀ **思维觉醒** ▶
>
> 在演绎推理的诸多思维方式中,常见式推理和三段式推理是最为常见的推理方式。除此之外,还有选言推理、假言推理和关系推理等各种推理方式。采用演绎推理法有很多好处,最大的好处就是可以把一般转化为具体,即对一般的规律进行具体化,这就能够在最短的时间内发现问题,有的放矢地采取有效措施解决问题。

你的思考是什么颜色的

古希腊伯里克利时代的医师希波克拉底奠定了西方医学的基础,被尊为"医学之父"。他的很多医学观点,都对西方医学的发展起到了深远的影响。他和学生们进行了长期观察,对人进行了分类,并且提出了"体液学说"。他把人分为四类:多血质,非常乐观,贪玩心重;胆汁质,很喜欢发号施令,有成为领导者的潜质;抑郁质,感情细腻,内心敏感,墨守成规;黏液质,天性乐观,喜欢接受他人的领导。希波克拉底认为，人们之所以呈现出不同的表现，就是因为每个人体的液体是不同的组合。

随着医学的发展，体液学说渐渐地退出了历史的舞台，心理学发展兴盛起来，而且有了很多分支。其中，性格色彩学就是心理学的一个分支，主要是以色彩来形容不同性格的人。性格色彩学把人的性格分为四种颜色，分别是红色、黄色、蓝色和绿色。其中，红色和黄色性格的人是性格开朗的，而蓝色和绿色性格的人则是内向收敛的。性格是有颜色的，这一点我们还很容易理解，但为何说思考也是有颜色的呢？其实，思考的颜色和性格的颜色有着异曲同工之妙。接下来，先来看一个事例。

在办公室里，小娜是出了名的小算盘，这是因为她总是有很多小心思，也有自己的小九九。这一天，小娜做了一个方案正准备交给客户，上司正好要来这个方案过目。在粗略看过方案之后，上司马上表示质疑："小娜，你这个方案不是最优方案啊，为何不提供最优方案给客户呢？"小娜有些为难地对上司说："经理，我知道这个方案不是最优方案，但是我已经针对这个方案和客户沟通过了，而且客户也表示接受这个方案。在这种你情我愿的情况下，如果贸然提出更优方案，我担心反而会扰乱客户的心，让客户产生更多的想法，那就难办了。"

听了小娜的话，上司忍不住皱起眉头，片刻之后说道："小娜，你的意思是你只要糊弄客户就行，并不要求自己为客户提供最优质的服务，是吗？既然如此，客户为何要花那么多钱来我们公司里寻找专业的顾问呢？我认为，如果你没有对客户尽到顾问的责任，那么你就不是合格的顾问。"看到上司态度坚决，小娜的情绪也激动起来，她生气地对上司说："好吧，你是领导，我得听你的，但是如果客户因此而变得难搞，我就不管了，后面你必须负责帮我把客户拉回来。真是搞不明白，为何偏偏要节外生枝呢！"其他同事听到小娜居然公然顶撞上司，全都大气不敢出，办公室里的空气仿佛都要凝滞了。幸好上司没有一气之下解雇小娜。客户在得到更好的方案后，非但没有提出更多的要求，反而真心地感谢了小娜。

后来，一向与小娜交好的张姐，特意提醒小娜："小娜，你可真是冲动啊，幸亏上司脾气好，否则你现在早就走人了。你怎么能拿自己的业绩要挟上司呢，尤其是上司说得没错，你不愿意提供最优方案给客户，客户很有可能从其他渠道得到最优方案，因此淘汰你，也淘汰公司，明白吗？"小娜羞愧地低下头，说："张姐，我当时太冲动了，完全气昏了头，你不知道，我好不容易才搞定这个客户，都进展到最后一步了，上司又让我冒险重新提供最优方案,我当时脑子里一片空白。"张姐苦口婆心地说:"你呀,还是太年轻了。以后可千万不能这样了,任何时候都要理智地思考,慎重地表达,明白吗?"小娜不好意思地点点头。

小娜因为一时冲动就威胁上司,这当然是很可笑的举动。等到事情发生之后,再来以自己太过冲动、头脑空白为借口进行无力的解释,也未必能够挽回糟糕的后果了。正因为如此,人们才说"说出去的话如同泼出去的水,是收不回来的"。既然如此,作为职场人士,我们必须谨言慎行,在决定说什么之前,必须经过慎重的思考,而切勿因为一时头脑发热就不管不顾。

现实生活中,常常有人以刀子嘴豆腐心自居,仿佛这样就能让他人原谅自己的一切不当言辞。实际上,这只是一厢情愿而已。在这个世界上,除了父母会无限度地包容孩子之外,任何人都不会无限度地包容我们。一旦走出家门,走入学校,又走出学校,走入职场,不管我们是否愿意长大,我们都必须逼着自己真正长大。作为初出茅庐的年轻人,既然成了职场上的一员,那么与那些年纪大的、经验丰富的同事就都是平等的,所以切勿以自己还小为自己开脱。一则,没有人会原谅我们的没脑子，所以我们为了图一时痛快说出去的话就会像一根根刺一样深深地扎入他人的心中。二则，从心理学的意义上来说，人们在有意识地组织语言表达时，往往会掩饰自己的真实想法，但是在脱口而出一些话的时候，却往往表现出了自己的真实想法。如此一来，即使等到事后冷静下来再去解释，对方也未必会选择相信和谅解。

在现实生活中，不管是在我们自己身上，还是在他人身上，都会发生类似的事情。但是，有些人却异常冷静，哪怕面对特别令人气愤的场面，他们也能做到镇定自若，而且会对自己说出的每一句话负责。这是为什么呢？每个人有不同的语言表现，不是因为他们的语言习惯不同，而恰恰是因为他们的思维模式不同，换言之，他们思考的颜色不同。

在上述事例中，小娜的思考是红色的，所以她很容易冲动，也会呈现出超强的语言爆发力，但是这种歇斯底里的状态保持的时间很短，她很快就会因为自己的口不择言而感到后悔。总而言之，红色的思考是冲动的思考，所以我们一定要警惕红色思考，也要有意识地改变冲动的坏习惯。

在思考的各种颜色中，蓝色的思考具有最强的控制力，所以蓝色的思考往往意味着心平气和。但是，蓝色的思考也有一个弊端，即代表着被动和惰性。通常情况下，采取蓝色思考方式的人往往无欲无求，既不会歇斯底里地暴怒，也不会积极地解决问题。因而当意识到自己的思考是蓝色的时，我们应该采取更为积极主动的态度，试图面对和解决问题。

最好的思考应该是黄色和绿色的。这意味着当事人积极地想要解决问题。拥有黄色和绿色思考的人，会逐一列出自己面对的问题，然后以各个击破为原则，集中力量依次解决难题。很多时候，人们不管面对什么难题，本能的反应就是推卸责任，就是畏缩和逃避。显然，这么做根本无法解决问题。最好的做法是直面问题，哪怕问题很多，千头万绪，只要按照一定的顺序逐个解决，最终也能让一团乱麻变得清清爽爽。

当然，思考不仅有红色、黄色、蓝色和绿色这些颜色，恰如人的性格，也不可能是单纯的红色、黄色、蓝色或者绿色。人的性格往往是各种颜色的综合，只是其中某种颜色会比较凸显出来，人的思考方式也是如此。每一种思考方式也许会以一种颜色为主，但是绝不是单纯色调的，也会掺杂着其他颜色。从这个意义上来说，我们要以不同的问题为出发点，结合自身的实际情况，让思考具有恰到好处的绚烂色彩。

深度思维

正推不行就倒推，不可或缺的回溯推理法

很多人都喜欢看福尔摩斯系列小说，这是因为福尔摩斯面对各种离奇的案件，总是能够从常人忽略的各种疑点着手，发现事情的真相。哪怕一个案件看起来完美无瑕，没有任何疑点可以切入，福尔摩斯也能采取推理的方法，或者正推，或者倒推，或者从其他人从未想过的角度推入，最终推理出真相，再去查找证据证明。因而每当阅读福尔摩斯的小说时，就像是在看一幅精彩绝伦却又疑点重重的画作，让人沉浸其中，欲罢不能。

接下来，我们要讲述回溯推理法。如果你是福尔摩斯迷，一定能从福尔摩斯的小说中找到运用这种方法侦破的案件呢。

深夜，英国布雷德福刑事调查科里响起了尖锐刺耳的电话铃声。探员接通电话，原来，打电话的人是一位医生。这位医生听起来很紧张，他说大概深夜十一点半时，有一个名叫艾米丽的女性死在了浴缸里。他还说自己已经检查了死因，该女性应该是虚脱死亡的。

探员很快来到了死亡现场，发现浑身赤裸的艾米丽面朝墙壁，蜷缩着躺在浴缸里。这个时候，浴缸里的水已经被放

空了。探员仔细检查了艾米丽的全身，发现她的身体完好无损，皮肤上既没有肉眼可见的伤痕，也没有明显的淤青，这意味着艾米丽死前没有遭受到暴力，也没有过于激烈地挣扎。探员感到疑惑，看起来艾米丽正值青壮年，不应该因为虚脱导致死亡啊。

带着这个疑惑，探员再次仔细检查了艾米丽的身体。这一次，他发现艾米丽的瞳孔极度扩散，这意味着艾米丽在死亡之前受到了极度的惊吓，也非常恐惧，所以才会情不自禁地瞪大眼睛。探员与艾米丽的丈夫进行了沟通，让对方描述了事情的经过。艾米丽的丈夫看起来很悲伤，他哽咽着说："晚上，我妻子说要泡澡，就独自去了浴室。我工作了一天，非常疲惫，躺在沙发上等着她洗完澡，不知不觉就睡着了。我不知道自己睡了多久，喊了一声艾米丽，没有听到任何回应，就来浴室里查看情况。结果，我怎么喊，艾米丽都不醒，这简直太可怕了！"

听起来，艾米丽的丈夫说的没什么问题。探员若无其事地站起来四处检查，在厨房的一个隐蔽角落里发现了两个用过的注射器，其中一个注射器里还有残留的药液。艾米丽的丈夫说，他身体不适，这几天一直自行注射药物进行治疗。探员当即想到："如果死者被一个非常熟悉的人注射药物，尽管感到恐惧且惊讶，也不会当即呼救。难道死者死于药物注射吗？"

这么想着，探员当即要求法医进行尸体解剖。法医很快就在尸体上找到了极其难以发现的针眼，又通过化验得知死者的确被注射了胰岛素，这与注射器里残留的药物是一致的。探员经过问询得知，死者的丈夫并没有糖尿病，不需要给自己注射胰岛素。由此，探员推断出丈夫给死者注射了过量的胰岛素，导致其死亡。有了这样的推断，警察当即控制了死者的丈夫，并且进行了审问。在确凿的证据面前，死者的丈夫很快就认罪了。

在这个案例中，探员就采取了回溯推理法。仅从表面上进行理解，回溯就是从下到上的意思，也就是从结果探究原因。采取这种方法，关键在于找到事物之间的因果性。一般情况下，我们都是从原因推断得出结果，这个方法恰恰反其道而行，是从结果推断出导致结果的原因。这个方法之所以效果立竿见影，是因为事物之间存在着相互依存的因果关系。

通常情况下，在进行考古工作时，或者是在进行地质考察时，学者们经常会采用回溯推理法。例如，根据挖掘出来的化石或者是年代久远的骨骼，推断出相应的地层处于哪个地质年代。再如，通过测定陨石，推断出银河系已经存在了多长时间，地球已经存在了多长时间。

此外，回溯推理法还会广泛应用于其他科学领域，既可以用于发现事物，也可以用于发明事物。例如，通过发现地球范围内的臭氧层日渐减少，科学家们在南极上空发现了臭氧层的空洞，由此意识到来自太阳的强烈紫外线辐射正在威胁地球上的人类生存。后来，科学家继续回溯和推理，最终找到了导致臭氧减少的罪魁祸首——氯氟烃，这样才能有效地通过减少使用氟氯烃的方式，保护大气层里的臭氧层。

◀ 思维觉醒 ▶

回溯推理思维方法是非常科学的，我们可以通过学习的方式，培养自己这个方面的能力，也可以通过积极训练的方式，提升自己这个方面的能力。例如，很多热衷于阅读侦探小说和逻辑推理小说的人就很擅长使用这种方法。

抓住线索，寻找真理

一直以来，很多人都致力于寻找真理，尤其是思想家和哲学家，他们更是从未放弃过寻找真理。那么，什么是真理呢？仅从字面来了解，所谓真理，就是真正的道理，是放之四海皆准的道理，是颠扑不破的道理。唯有思考，才能使我们距离真理越来越近，在思考的过程中，我们还要抓住各种各样的线索。

　　太多人误以为在某个时间做出如同雕塑一样呈现思考的姿态，就是在思考。其实，这是对于思考的误解。思考，是一种习惯，是一种状态，绝不是一时的，而是持续性的。每个人要想创造出独属于自己的人生，盲目地模仿他人是不可取的，不加选择地听从别人的教诲更是错误的。面对一切的难题，我们都要试图寻找答案，不要满足于他人的叮咛和说教。人类已经存在了很久，在这漫长的时间里，很多人都知道了这个世界上的确是有真理的，但是却没有哪条真理能够用来解释所有问题或者解决所有难题。这原本就是谬论。

　　真正的真理，不是告诉我们如何去做，而是告诉我们怎样才能抓住各种线索进行深入的思考，从而拨开迷雾渐渐地接近真相，也接近真理。通常情况下，面对着第一次遇到的问题，我们很难进行足够深入的思考以接近本质或者真相，我们必须一次又一次地思考、论证和纠正，才能无限接近真相和真理。一时的顿悟不是真理，短暂的理解也不是真理，唯有坚持思考，才能寻找真理。

　　古今中外，很多人都通过思考获得了真理，这充分证明了人类是非常聪明的，且有大智慧。如此，人类才能不断地发展，人类文明才会越来越繁荣：不但成功登上了月球，还探索了太空；不但发现了原子能，还发明了核动力。遗憾的是，随着物质文明越来越发达，精神文明发展的脚步却日渐缓慢。和古时候相比，真正伟大的思想家、文学家、作曲家都变少了，真正能够流传于世的经典也越来越少了。

这是因为现代社会变得越来越浮躁，急功近利的人们缺少匠心，自然也就不能成为匠人。人类因为主观能动性而号称地球的统领，号称地球上最聪明的生物，也因此，人类很愚蠢。浮躁的人们忽视了很多线索，陷入了漫无目的地胡思乱想之中。而任何深度思考绝不是胡思乱想，更不是随便想想。古人云，一日三省吾身，就是告诫我们每时每刻都要坚持反省自己，都要反复推论和验证。正是因为坚持思考，在不断发展的历史中，人类才能推翻很多在当时认为是真理的理论，对其进行重建，也以此方式推动人类社会不断向前发展。

不懂得思考的人是没有灵魂的，自然也不可能接近真理。思考，教会我们质疑的精神，也让我们有勇气打破和推翻一切，重新构建属于我们的世界。思考帮助我们挣脱固有思维的束缚，让我们从本源上探求问题的本质。一旦离开了思考，我们就会被自己局限住，困顿在自己的心牢之中，无法抓住线索，自然也就会远离真理。

有一次，爱因斯坦向学生们提出了一个问题："两个修理工人负责修理一条烟囱，他们在完成维修工作后，从烟囱里爬出来。奇怪的是，一个修理工人全身都干干净净的，另一个修理工人全身却脏兮兮的。那么，你们认为，哪个修理工人会去洗澡呢？"

听到爱因斯坦提出这样看似简单的问题，学生们都很警惕，认为不能从常规的角度回答问题。因此，只有少部分学生认为浑身脏兮兮的工人会去洗澡，而大部分学生都认为浑身干干净净的工人会去洗澡。两个阵营的学生争论个不停，这个时候，爱因斯坦笑着说："你们啊都上当了。难道你们不该先想一想，既然这两个修理工人是一起维修烟囱，又是从同一个烟囱里爬出来的，怎么可能会一个干干净净另一个脏兮兮呢？"学生们这才意识到，提出这个问题本身就是一个陷阱，遗憾的是他们都没有抓住关键的线索，所以也就远离了真相。

学生们都急于回答爱因斯坦的问题，也有一部分学生想到了不能从常规角度回答问题，因而没有直接回答脏兮兮的修理工会去洗澡，而是从个人卫生习惯角度出发，认为干干净净的维修工人会去洗澡，实际上他们没有意识到线索还在他处，即这个问题的大前提本身就是不成立的，所以导致两个选项都是错误的。显而易见，学生们进入了思维定式之中，只是考虑哪个选项正确，而没有考虑到这道题目本身是否成立。

从本质上来说，深度思考就是寻找真理的线索。所以，我们要养成坚持深度思考的好习惯。首先，我们要在脑海中勾勒所有设想，验算所有可能性。其次，我们要习惯性地审视自己，这样才能勤于思考。最后，对于自己的一切想法，我们都要坚持付诸实践，因为实践是检验真理的唯一标准，唯有从实践中总结经验，得到反馈，我们才能验证自身想法的正确性。在工作和生活中，不管多么忙碌，我们都不能遗忘了思考。哪怕每天只是抽出几分钟的时间与自己辩论，我们都能有效地训练自己的大脑；哪怕我们并不能因此就发现真理，但是却可以以这样的方式无限接近真理。

◀ **思维觉醒** ▶

真理是极具个性化的，不同的人信奉不同的真理，而对于每个人而言，真理的深度取决于思考的深度，真理的广度取决于思考的广度。唯有养成深度思考的好习惯，抓住与真理关联的诸多线索，我们才能成为真理的使者。

第三章

既要形而上也要形而下，抽象思维的独特魅力

思维，分为形象思维和抽象思维。大多数人倾向于形象思维，这是因为形象思维更加简单、显而易见，而抽象思维则往往高深莫测，让人难以理解。即便如此，我们依然离不开抽象思维，因为抽象思维极具凝练和概括的作用，对于个人的成长和人类的发展都是不可或缺的。

形象思维的妙用

爱因斯坦提出了相对论,这使得他作为一名科学家被载入史册。然而,相对论是高深的科学,大多数人都很难理解相对论。即便是那些对相对论很感兴趣的人,要想理解相对论也是很困难的。有个年轻人不管怎么努力地思考,都想不明白相对论到底是什么意思,因而特意来请教爱因斯坦。爱因斯坦当然知道,相对论是晦涩难懂、高深莫测的物理理论,面对着对物理一窍不通的年轻人,要想只花费几分钟时间,就让对方理解相对论,这简直是不可能完成的任务。但是,这可难不倒爱因斯坦,因为爱因斯坦很擅长形象思维。只听爱因斯坦简明扼要地向年轻人解释了相对论:"炎热的天气里,如果让你守着一个熊熊燃烧的大火炉度过五分钟,你一定会觉得这五分钟比一个小时更加难熬;如果让你和心爱的女孩待在一起,不知不觉间,就过去了一个小时,但是你却觉得这一个小时比五分钟更短暂。这就是相对论。"不得不说,爱因斯坦作为相对论的创立者,这样的比喻堪称绝妙。哪怕是一个没有学过任何知识的孩童，在听了这样形象生动的描述之后，也会立即理解相对论的意思。

不得不说，爱因斯坦不仅擅长物理学，还很擅长形象思维呢。从大脑构造的角度来说，形象思维也叫右脑思维，指的是在解决问题的时候，运用直观的形象和表现解决问题的一种方式。在现实生活中，我们也常常会遇到一些无法以语言准确清晰表述的问题，这或者是因为该问题本身就很难懂，或者是因为听我们说话的对象没有掌握很多的知识，理解能力有限。不管因为哪个原因，运用形象思维解决问题都是最佳选择。如果我们能够学习爱因斯坦，利用形象思维把原本很难清楚阐述的问题深入浅出地说明白，那么对方一定会茅塞顿开。

能否运用形象思维深入浅出地讲述不同的知识，体现着教师的教学水平。很多教师本身富有学识，但是在把知识传授给学生时，讲授得枯燥乏味，学生根本无法理解，导致教学效果大打折扣。反之，有些教师虽然本身学识不够渊博，但是他们却能以生动形象的方式把知识讲授给学生听，使学生第一时间就能理解他们的意思，从而起到良好的学习效果。这就像是茶壶里煮饺子，如果捞不出来，饺子就会成为废物。反之，如果换成一口敞口的大锅煮饺子，那么很容易就能把饺子捞出来，美味的饺子就会被人享用。

遇到听众缺乏理解能力时，我们大有秀才遇到兵——有理说不清之感。每当这时，形象思维就派上了大用场。当然，只有形象思维是不太够的，还要能够运用语言，把形象思维生动地表述出来，这样表达的效果就会事半功倍。此外，还可以借助于一些辅助工具。例如，很多数学老师都会借助于画图等方式来表达自己的意思，有些人还会采取画漫画的方式，让对方获得直观的感受。如今，随着科技的发展，很多现代化的手段也派上了用场，例如采取视频、示意图或者动漫等方式寓教于乐。

人类自从诞生以来，在不同的发展阶段以不同的速度成长和进步。大名鼎鼎的哲学家艾赫尔别格对此进行了生动形象的比喻。他说："人类在进入最后1公里征途之前，始终是沿着崎岖的道路艰难地前进的，不但穿越了荒凉的原野，而且穿过了不见天日的原始森林。在经历了如此漫长的人生旅途后，人类对于外部的世界依然懵懂无知。最终，艰难跋涉的人类在即将到达最后1公里时，制造出了原始工具和洞居绘画。当终于进入最后1公里的决赛时，人类创造出了让现代人看不懂也猜不出的文字，也渐渐地发展出了农业社会具备的各种特征，这使得人类文明迎来了几缕曙光。在还差200米就要抵达终点时，人类踩踏着铺满石板的道路，以极快的速度横穿古罗马雄伟壮观的古堡。离还差100米就要抵达终点时，人类的跑道看起来就显得富丽堂皇多了，跑道的一边是四大发明的诞生地，另一边是欧洲中世纪城市里的雄伟建筑。在还有50米就抵达终点时，人类看见了达·芬奇。他是一个创造者，以富有洞察力的深邃眼光观察着奔跑的人类。此时此刻，距离终点只剩下5米了，人类开始冲刺，却看到了奇迹般的世界：这个世界在电灯的照耀下一片光明，即使在夜间，道路上也是明亮的；这个世界很嘈杂，到处都是机器的轰鸣声；这个世界的道路非常拥挤，汽车穿梭不停；这个世界的天空非常忙碌，除了有各种各样的飞鸟，还有造型奇特的飞机；这个世界有很多的聚光灯，明晃晃地让获胜的赛跑运动员睁不开眼……"正是因为具备形象思维，艾赫尔别格才能让人类的发展历史如同画卷一样在我们的面前徐徐展开。

在生活和工作中，形象思维的运用非常广泛，不但可以用于解释各种高深的理论，用于描述原本难以理解的历史，还可以用于发明创造，使得原本复杂的发明过程变得一目了然，清清楚楚。例如，现代社会中很多高科技产品的使用说明书，就会以形象思维的方式进行解释和说明，让用户很容易看明白，也能掌握正确的用法。

> ◀ 思维觉醒 ▶
>
> 和抽象思维的艰难晦涩不同,我们的头脑因为具备了形象思维而变成了一幅幅生动鲜明的画面,我们的世界因为形象思维的存在变得多姿多彩。不管是为了学习,还是为了工作,亦或者是为了生活,我们都要致力于培养和发展形象思维。

想象力是心灵的翅膀

曾经,有一个心理学家进行了一项实验。他先是去了一所幼儿园里,在黑板上写了一个0,然后问孩子们这是什么。结果孩子们给出的答案千奇百怪,很多答案甚至超出心理学家的想象力,令心理学家叹为观止。这表明孩子们具有无穷无尽的想象力。后来,这个心理学家又去了一所小学,同样在黑板上写下0,然后问孩子们这是什么。孩子们的回答千篇一律,或者说这是罗马数字0,或者说这是英语字母O。在心理学家的启发之下,才有很少的学生说这是太阳、月亮,或者是一张饼、一个圆盘等。心理学家不由得感慨:是谁扼杀了孩子们的想象力?

第三章 既要形而上也要形而下，抽象思维的独特魅力

每个孩子与生俱来就有想象力，这是因为他们对这个世界知之甚少，所以看到一件东西就会产生发散式的联想。通常情况下，四五岁的孩子想象力最为丰富，他们会把很多原本毫不相干的事物联想在一起，这意味着他们的思维是没有边界的，他们的世界无限大。然而，随着教育的不断推进，孩子们开始学习各门学科的知识，渐渐地，他们的想象力干涸了，他们的思维被禁锢在人类世代相传的固有经验中，他们失去了想象的翅膀。这是多么令人悲哀的事情啊！

一直以来，很多人都没有意识到想象力的重要性，所以也就不注重保护想象力。从本质上来说，想象力就是加工和改造头脑中已有的表象，是形象思维的一种高级形式。头脑中已有的表象被重新组合，形成新形象，这个心理过程就是想象。和形象思维一样，想象力也是开放的、自由的、形象的、浪漫的、跃动的，还有夸张的显著特点。想象力就像是人的翅膀，拥有想象力的人不会被周围的现实世界所禁锢和束缚，而是会任由想象力纵横驰骋，飞跃千年，也任由想象力离开地球，飞到宇宙中的每一个角落。总而言之，想象力是超越时空的。

对于想象力，古今中外，很多伟大的人都给予了极高的评价。爱因斯坦认为，知识是有限的，想象力是无限的，拥有想象力的人才有可能创造。萧伯纳认为，创造始于想象力。奥斯

本认为，不管面对什么问题，想象力都是唯一的钥匙。从这些人的评价不难看出，想象力是弥足珍贵的。作为父母，我们要保护孩子的想象力；作为成人，我们要有意识地培养和发展自身的想象力。

1968年，在美国的一幢民居里，妈妈和往常一样正在准备晚餐，三岁的小女孩茵迪丝指着包装盒上的O，对妈妈说："妈妈，我认识这个字母，这是O。"听到茵迪丝的话，妈妈非常震惊，当即追问茵迪丝是如何认识这个字母的，茵迪丝没有感受到妈妈的紧张，反而有些自豪地回答："我在幼儿园里学的。"妈妈心中陡然升起一股怒火，但是她并没有当着茵迪丝的面表现出来，而是强忍住怒气，和颜悦色地表扬了茵迪丝。得到妈妈的表扬，茵迪丝又去开心地玩耍了。

隔天，茵迪丝就读的幼儿园负责人就收到了一张法院传票。负责人感到很纳闷，因为幼儿园里一切正常，并没有任何异常的事情发生。直到见到茵迪丝的妈妈，负责人才意识到发生了什么事情。在法庭上，茵迪丝的妈妈感到万分痛心，她说茵迪丝此前看到O可以说出很多不同的事物，例如鸟蛋、足球、太阳、月亮、橘子、葡萄等，但是在认识了26个字母之后，茵迪丝认为O只是O，不再是其他任何事物。为此，她坚持认为幼儿园损害了茵迪丝的想象力,向幼儿园索赔1000万美元。在当时,1000万美元可是高额的数字,就在很多人都认为茵迪丝的妈妈一定想钱想疯了,才会以这样的方式试图得到幼儿园的赔偿之际,法官和陪审员们都被茵迪丝的妈妈感动了,认为的确不应该以过早的教学扼杀孩子的想象力,使孩子就像是失去了翅膀的天鹅一样只能生活在一小片池塘里,而失去了整片天空。因此,他们支持茵迪丝妈妈的诉讼,最终幼儿园输掉了这场官司,对茵迪丝进行了赔偿。

听起来,这样的结果使人感到匪夷所思,但是,每个孩子真的都是有着翅膀的天使,不应该折翼。那些认为茵迪丝妈妈小题大做的人一定没有认识到想象力对于孩子的成长所具有的重要意义,所以他们也不会和茵迪丝妈妈一样想尽一切办法保护孩子的想象力。

在学习的过程中,人们认知的很多事物组成了一个链条,但是这个链条并非完整,而是缺失的。如果没有想象力,链条就会始终缺失,而如果拥有想象力,我们就可以弥补链条的缺失,使链条变得更加完整和充实,也变得更加形象逼真。

> **◀ 思维觉醒 ▶**
>
> 随着学习的不断深入，随着思考的日渐深刻，人们涉及到的问题越来越多，为了解决这些问题，必须打破固定的思维模式，使自己的思维变得更加灵活，从而满足解决问题的需要。尤其是在探索那些未知事物的过程中，不能仅凭着简单的逻辑推理解决问题，也不能仅凭着常规的实验就验证我们的猜想。在这种情况下，我们必须张开想象的翅膀，以想象思维作为突破口，这样才能使认知产生质的飞跃，也让我们的思维触角延伸到此前从未到达的认知地带。

形象思维离不开兴趣的指引

生活，本身就应该是五彩斑斓的。为了让生活变得更有趣味性，我们应该发展自身的兴趣爱好。正如人们常说的，兴趣是最好的老师。对于感兴趣的事情，我们才会心甘情愿地去付出努力，也坚持做好。要想发展形象思维，同样离不开兴趣。从兴趣中激发形象思维，能够起到事半功倍的效果。

古今中外，很多伟大的人物都把毕生的热爱投入于自己感兴趣的领域。在中国，司马迁身受酷刑，依然编撰出了被誉为"史家之绝唱，无韵之《离骚》"的《史记》；犹太裔美国物理学家爱因斯坦，对物理学领域怀有浓厚的兴趣，因而投入所有的兴趣学习物理学；作为维也纳古典乐派的一位重要代表人物，贝多芬始终执着于作曲，即使到了晚年丧失听力，他还创作了很多乐曲，所以才会被后人尊称为"乐圣"和"交响乐之父"……无数名人的亲身经历告诉我们，兴趣是最好的老师，也是形象思维的发源地。

爱因斯坦从小就表现出对物理学的浓厚兴趣。有一段时间，舅舅负责辅导爱因斯坦学习物理学。有一天，爱因斯坦问舅舅："如果我能和真空里的光一样飞速地奔跑，并且和光一起朝前跑，那么我能亲眼看到空间里的电磁波吗？"听到小小年纪的爱因斯坦居然提出了这么高深的问题，舅舅非常惊喜地盯着爱因斯坦看，既为爱因斯坦拥有物理天赋感到高兴，也为爱因斯坦这么小就思考这么高深的物理学问题而感到担忧。舅舅很清楚，爱因斯坦的这个问题是很伟大的，一旦能够解决这个问题，爱因斯坦必然为世人所瞩目。

从此之后，爱因斯坦对于物理学的兴趣更加浓厚了，他投入所有的时间和精力用于研究物理学，后来提出了令世界震惊的相对论。爱因斯坦对物理学感兴趣,张开了想象的翅膀思考物理学问题,又受益于想象力更加深入地探索物理学问题,所以才会成为著名的物理学家,为全人类造福,也推动了整个世界向前发展。

和爱因斯坦从小就喜欢物理学一样,被称为"镭的母亲"的居里夫人,也从小就对科学实验有着浓厚的兴趣。

受到法国物理学家贝克勒尔发现贝克勒尔射线的启发,居里夫人开始探索射线放射力量的来源。在当时,整个欧洲没有任何一家实验室研究铀射线,居里夫人却义无反顾地开始研究铀盐矿石。为了证明铀是唯一能够发射射线的化学元素,她挨个测定了门捷列夫的元素周期律排列的元素,很快就发现了钍元素的化合物。这种化合物和铀射线相似,也能自动发出相同强度的射线。由此,居里夫人认识到发射射线并不是铀的特性,所以把诸如铀、钍等具有特殊放射功能的物质称为"放射性元素",而把它们的放射射线称为"放射性"。

后来,居里夫人开始研究矿物是否具有放射性。她在所有矿物中,发现一种沥青铀矿的放射性强度非常强大。又经过持续深入的研究,居里夫人认为必然存在某种新元素。在皮埃尔的帮助下，居里夫人于1898年7月宣布发现了比纯铀放射性强400倍的新元素。这种新元素被命名为"钋"，用以纪念居里夫人的祖国——波兰。

时隔几个月，当年12月，居里夫妇又发现了放射性比钋更强的第二种放射性元素，即"镭"。但是因为没有拿到实物，也没有测量出实物的原子量，所以当时没有人愿意承认他们的发现。为了提炼镭，居里夫妇克服了常人难以想象的困难，从1898年，耗时四年，一直坚持到1902年，才得到了0.1克的镭盐。经过测定，镭盐的原子量为226。从此之后，世界上有了镭。

正是因为居里夫妇发现了镭元素，全世界才开始关注放射性现象。可以说，在整个科学界，镭的发现掀起了一次真正的革命。如果没有兴趣作为支撑，居里夫人就不会进行大胆的想象，又以实践去验证自己的猜想；如果没有强烈的使命感，居里夫妇将无法过着这样艰苦的生活，而从不叫苦叫累。

◀ 思维觉醒 ▶

在现实的生活和学习中，很多人都缺乏想象力，也缺乏兴趣。不管做什么事情，他们都感到兴致索然，这使得

> 他们不能全力投入，也无法坚持。其实，兴趣是可以培养的。我们要积极地发现自己真正感兴趣的事情，才能心甘情愿地在这些事情上投入时间和精力，也才能坚持做出伟大的成就。

以观察为杠杆撬起思维

以观察各种现象为主题的观察活动，为思维活动奠定了基础。在很多影视剧中，我们看到那些如同战神一般存在的将领们，哪怕身在千里之外，也能运筹帷幄，决胜千里。甚至有些将领还有未卜先知的能力，可以预先知道很多情况，从而提前做好应对。例如诸葛亮，就是一个具有未卜先知能力的人。难道诸葛亮真的能够预知未来吗？当然不是。诸葛亮之所以能够对很多情况做出准确的预判，恰恰是因为他上知天文，下知地理，也能够综合自己观察得到的各种信息和情况，从而做出准确的推断。例如在火烧赤壁之战中，他抓住天气赋予的好时机才能成功袭击敌人；在草船借箭中，他也是借助于大雾的天气，使敌军在浓雾之中误以为前来的是奇袭的敌人，所以才能成功地从敌人那里"借"到箭。

第三章 既要形而上也要形而下，抽象思维的独特魅力

其实，诸葛亮的预知能力早有体现。他隐居在深山之中，很多人都想请他出山，他都闭门不见，或者直接拒绝，唯独刘备三顾茅庐之后，他选择出山辅佐刘备。此前，他一直隐居在闭塞的茅庐里，却能够头头是道地分析天下大势给刘备听，这是为什么呢？这都是因为诸葛亮善于观察，不但看透了天下的形势，也看透了刘备的为人，所以他才愿意为刘备所用。此后，在辅佐刘备的过程中，他不止一次扶危救难，扭转战局，令人称奇。很多人都特别崇拜也很喜欢诸葛亮，尽管小说和影视作品有夸张的成分，但是至少也可以由此看出诸葛亮的确善于观察，并且思维缜密，不但擅长形象思维，更擅长逻辑推理。

一个人要想考虑得面面俱到，首先要观察得细致入微，不但要有微观的意识，还要有大局的观念。我们也要学习诸葛亮，即使置身于茅庐，也不要置身事外，而是要学会了解周围的人和事物，也学会深入地了解现实，这样才能卓有成效地提升自己的思考能力。

除了诸葛亮，还有一个人也是非常善于观察的。他就是福尔摩斯。众所周知，福尔摩斯最擅长断案，有些案件在别人看来是无解的，根本找不到有助于破案的任何蛛丝马迹，但是福尔摩斯却总能看出破绽和端倪，从而顺藤摸瓜，查明真相。

有人认为福尔摩斯很擅长逻辑推理，有人认为福尔摩斯胜在非常勇敢无所畏惧，其实，帮助福尔摩斯成为一名出色侦探的最突出能力，就是观察。我们不妨设想一下，如果福尔摩斯对案发现场的很多情况都视若无睹，对于犯罪嫌疑人的诸多表现也都选择漠视，那么他纵然有很强的逻辑思维能力，也失去了运用逻辑思维能力串联的原材料。任何一点碎片，对于福尔摩斯而言都是非常重要的，正是因为抓住了这些似有若无的碎片，福尔摩斯才能成功侦破案件。

我们与世界沟通的方式，就是了解周围的人和事物。具体来说，我们要做到以下几步。

第一步，就是观察。不管从事怎样的科学研究活动，我们都要首先观察，也唯有观察，才能形成思维。整个世界看似复杂，其实，可以将其拆分成若干个现象。正是这些现象构成了五花八门的世界。在研究事物的过程中，我们会发现事物运行的规律，从而更好地了解世界，也为生活提供便利，这样一来我们就进入了良性循环状态。

所谓规律，正是人们通过观察此前的人和事物总结出来的结论，把这些结论推而广之，加以运用，就是社会的规则和秩序。具体而言，人们很早就了解了太阳和月亮的运行规律，所以形成了有规律的作息时间，也可以按照节令进行农耕活动。

在现代社会中，人们则在了解交通规律的前提下，制定了交通规则，也设置了交通信号灯，这才使交通更加有秩序。

第二步，就是记录。所谓记录，是为了把我们的观察所得以文字、图片或者数字的方式记录下来，这将有助于我们积累更多的相关材料，得到更为普遍的规律。现代社会中，有一个名词叫作大数据，其实就是长期观察和记录的结果。只不过，现代社会中有了各种数字化技术，所以能够更快速地整合各种数据，使其成为能够为我们所用的宝贵资源。

第三步，就是认知。在整个了解的过程中，认知是最后阶段，正是这个阶段，我们要完成透过现象看本质，通过本质总结规律的重要任务。为了实现这个步骤，我们必须非常专注地思考，而不要三心二意。唯有做好这个步骤，我们才能从那些普遍存在的现象中总结出可以适用于很大范围和很多事情的规律，这就是由面到点再由点及面的过程，在此过程中，我们的认知实现了螺旋式上升。

◀ 思维觉醒 ▶

既然观察如此重要，我们在学习和工作中，不管是完成某项任务，还是与身边的人相处，都要始终拥有敏锐的观察力，这样才能发现他人所看不到的奥妙。

不要被障眼法遮蔽视线

众所周知,《蒙娜丽莎》是达·芬奇的著名画作。这幅画作之所以在世界范围内都备受关注,恰恰是因为它有着自己的传奇经历,在视角构图上也有自己的独到之处。蒙娜丽莎的微笑具有神奇的魔力,有幸亲眼目睹真迹的人会发现,无论从哪一个角度看向蒙娜丽莎,都会发现蒙娜丽莎正在对自己展现迷人的微笑。为何会这样呢?这是因为达·芬奇在创作这幅画作时,运用了物理学相关知识。又因为他巧妙地处理了画作的背景配色,所以就达到了这样的神奇效果,使每一个亲眼目睹真迹的人都产生了奇特的视觉感受。这是一种艺术创作的手段,具有很强烈的魔幻色彩,我们也可以把这种与众不同的作画方法称为障眼法。顾名思义,障眼法就是让人看到虚幻的情景,而非真实的情景,但却毫无觉察,误以为自己看到的一切都是真实的。

世界是大脑思考的对象,正是在观察世界的过程中,大脑才进行思考。反过来看,要想激发大脑进行思考,就必须让大脑接受外部世界的信号。在良莠不齐的信号中,有些信号是真实且准确的,有些信号却是不准确甚至是不真实的。一旦接收了不准确或者不真实的信号,大脑就会受到误导,得出错误的结论。这就意味着：我们的眼睛欺骗了我们的大脑。

人们常说，眼见为实，但是在被人运用障眼法误导的情况下，眼见真的未必为实。如今，网络上有很多照片都运用了障眼法，例如一张照片乍看是一个女人，仔细看却是一头狮子；一张照片乍看是两座山，仔细分辨却是相对的一张面孔。我们越是认真地看这些照片，越是分不清楚到底应该将其看成是什么，这常常使我们感到困惑。

对于观察者而言，每个观察者的大脑都以不同的方式接受信息，这直接决定了观察者得出的视觉结果是存在差异的。在网络上，面对这些有争议的照片，面对被自己的眼睛欺骗了的大脑，有些网友公然辩论，甚至在话不投机之后彼此对骂起来。实际上，为这样的照片去争辩是毫无意义的，因为观察的角度不同，看到的世界就是不同的，所以对于不同的人而言，看到的不同世界是没有对错之分的，只是从不同的视角激发了大脑的思考而已。遗憾的是，许多人都非常自我，他们坚定不移地相信自己看到的一切，也想要让他人接受自己的观点，这就成为意见分歧的导火索，也成为争执发生的根本原因。

那么，障眼法到底遮挡了什么呢？很多人也许会不假思索地回答"眼睛"，因为障眼法的名字就告诉了我们答案。但是只需要认真地想一想，我们就会发现眼睛并非是独立存在的，而是作为大脑与外部世界沟通的一种感官媒介存在的，所以大脑最相信通过眼睛看到的一切，因而也就被眼睛看到的一切欺骗了。从这个意义上来说，障眼法欺骗的其实是我们的大脑。当眼睛接受到大量的信息时，我们就应该以思考的方式去伪存真，在此过程中还要避免惯性思维的负面影响，从而火眼金睛地看到表现之下的真相，也通过理性的思考认清楚本质。因而我们不但要多看，更要多想，还要形成发散性思维，站在不同的角度思考问题。所谓的深度思考，并非指的是选择单一方向进行纵深思考，也要求思考必须具备横向的宽度，从而让思维更加开阔。

  人很容易陷入惯性思维之中，在不知不觉间的状态下就会沿袭此前已经形成的思维模式，试图思考问题的真相。这就像是一个人习惯了走直线，一旦让他改变走直线的习惯，开始尝试着走迂回曲折的弯路，他就很不习惯，甚至还会情不自禁地走直线。这一点可以从海员身上得到验证。细心的朋友们会发现，很多常年在海上生活的人，一旦来到陆地上，走路的姿势总是很奇怪。这是因为在大海上船总是处于颠簸状态，因而海员必须以摇晃身体的方式使自己的身体与船的甲板保持相对的平衡，而来到陆地上之后，地面是稳固的，他们却很难改掉摇晃身体以维持平衡的习惯。

在教育孩子的过程中，很多父母都会告诉孩子不要和陌生人说话，渐渐地，孩子就会很害怕陌生人。也有些父母会以"警察来抓你"吓唬不听话的小孩，结果孩子看到警察就胆战心惊。这都是长时间的教育形成的心理定式。心理定式的作用是很强大的，在生活中时有表现。

的确，世界是立体的，每个人是鲜活的。面对着这个立体的世界，每个人都有权利选择以怎样的角度看待世界。古人云，一叶障目，人其实很容易犯这个错误。面对着宏观的世界，我们常常会因为局限于自己的眼界和思想，而做出有失公允的判断。

◀ **思维觉醒** ▶

要想保证自己做出的判断是正确的，我们就要从主观的怪圈中跳出来，就不要固执于自己的想法。有的时候，遮挡我们的是一层迷雾，那么我们就要拨开迷雾，才能看到最接近事物本质的一切。不管是做人，还是看待生活，亦或是看待世界，都要遵循这个道理。

第四章

学会换位思考，
以思维的金钥匙打开对方紧扣的心扉

  人是社会动物，每个人都是社会的一员，都需要融入人群之中，学会与人交往，学会与人合作。现实生活中，很多人为处理人际关系而感到烦恼，其实只要采取正确的思维方式，尤其是学会换位思考，就拥有了一把打开对方心扉的金钥匙。

换位思考是一门艺术

每个人天生具有敏感性，能够体察他人的情感，否则就会面临情感失聪的困境。虽然天生不具备敏感性的人少之又少，但是很多人却因为在成长的过程中养成了自私任性、霸道蛮横、以自我为中心的坏习惯，渐渐地处于后天情感失聪的状态。这使得他们在人际交往中举步维艰，因为没有人愿意与自私的人相处。有的时候，因为后天情感失聪，人们还会有很多其他招人讨厌的表现，例如说话不合时宜，对于他人的情绪和表现产生误解，对于他人的感受和需求漠不关心等。毫无疑问，这些表现都会不同程度地损害人际关系，使我们自身的成长和发展也受到阻碍。这是因为在现代社会中，人脉资源已经成为非常重要的资源，一个人不管置身何处，也不管扮演怎样的角色，都必须与身边的人搞好关系，才能为自己营造良好的人际相处氛围，也才能让自己得道多助。

换位思维不但有助于建立良好的人际关系，而且有助于开展与人打交道的工作。其实，现代职场上，很多工作都是需要与人打交道的。例如，教师要与学生打交道，医生要与病患打交道，警察要与罪犯打交道，营业员要与顾客打交道。即使在不需要直接与服务对象对接的岗位上，每个人也要与自己身边的家人、朋友、同学、同事打交道。总而言之，人必须在人群中生活，人之离不开人群，就像鱼儿离不开水一样。这样一来，那些能够体察他人情绪，真正做到与他人换位思考的人，不管是面对生活还是面对工作，都能做到如鱼得水，游刃有余。

很久以前，有一个性情古怪的国王，平日里治理国家从来不按常理出牌。眼看着自己的生命已经进入了倒计时，老国王不想沿袭传统把王位传给长子，而是提出了一个要求，只有达到要求的王子才能继承王位。老国王提出：两个王子要赛马，但是，跑得快的人不能获得王位，跑得慢的人才能获得王位。听到父王的这个决定，两个王子都很发愁，他们不约而同地想：难道我们要骑在马背上直到老死吗？为了解决这个难题，也因为担心对方会停留在原地，或者采取各种方式使自己的马跑得更慢，他们决定去请教王宫里的智者。智者已经很老了，但是思维敏捷，脑子一点儿都不糊涂。智者对两个王子说："为了避免比赛没有结果，你们可以换马比赛，以跑得慢的马获胜。"两个王子茅塞顿开，如此一来，他们必须策马疾驰，才能保证自己的马匹落败。就这样，比赛的日子到了，他们把对方的马喂养得膘肥体壮，号令一响，就全都如同离弦的箭一样飞驰而去。最终，小王子赢得了比赛，获得了王位。

不得不说，智者就是智者，面对着无法比慢的难题，智者只是一个简单的方法，就让比赛恢复到了本来面目，而且使得比赛的两个王子都没有猫腻可用。这就是换位的魅力。对于这样的方法，我们将其运用在思维中，就是换位思考。顾名思义，换位思考就是把自己摆放在对方的位置上，设身处地地为对方着想，也以对方的角度看待周围的人和事情。在人际交往中，当学会了换位思考，我们就能真正做到将心比心，理解对方的苦衷，感受对方的情绪，从而发自内心地关心与爱护对方。当我们坚持这么做，就能有效地改善人际关系，使自己变得处处受人欢迎，也能够有效改变自己小肚鸡肠的坏习惯，让自己的心胸变得更加开阔，待人处事也更加包容。

在一个偏僻的小镇上，有一位一生没有结婚、无儿无女的老富翁要出售房子，再用出售房子的钱住进养老院。小镇很小，很快，所有人都知道了这个消息，也都垂涎老富翁漂亮的房子。然而，他们乘兴而来，败兴而归，因为老富翁要求购买房子的人必须支付给他30万美元。在当时，30万美元可是一笔昂贵的费用，那些人只好悻悻而归，心中还忍不住诅咒老富翁："老家伙，居然这么贪财，要把房子卖得这么贵。就算在养老院住到一百岁，也花不完30万美元啊！"

在这个小镇上，有个外乡的小伙子名叫罗伊。罗伊才刚刚大学毕业，在小镇上的学校里当老师，教孩子们唱歌。他做梦都想拥有这样一套花园洋房，但是别说30万美元了，他连3万美元都没有。他东拼西凑，只筹集到5000美元。这可怎么办呢？罗伊没有放弃，他绞尽脑汁地想啊想啊，终于想出了一个能够得到这幢房子的好办法。他决定去试一试，这样至少不会留下遗憾。

一个周末的清晨，罗伊带着一束从路边采摘的野花来拜访老富翁。他对老富翁说："老人家，我知道您最舍不得的就是漂亮的花园，我和您一样也喜欢美丽的鲜花。我虽然没有花园，但是我经常采摘野花，装点自己的单人宿舍。我想，您如果愿意把房子以分期付款的方式卖给我，我愿意像对待亲尊一样给您养老送终。您看，我现在有5000美元，接下来的每个月我都会支付您500美元。如果您同意不收取我的利息，那么您可以一直住在这所房子里，哪怕我已经付完了所有的房款。当然在您住在房子里期间,我会负责照顾您的。"老富翁听到罗伊的方案当即两眼放光,他几乎毫不迟疑地点头答应了罗伊的请求。就这样,罗伊和老富翁幸福地生活在一起。老富翁在离开人世之际,把自己所有的财产都留给了罗伊。

在这个故事中,罗伊如愿以偿的方式看似不可思议,实际上他采取了换位思考的方式,得出了老富翁根本不缺钱,只是无人照顾他继续住在自己的房子里养老这个核心需求,因而才能以满足老富翁核心需求的方式,成功地打动老富翁,实现了自己的心愿。

◀ 思维觉醒 ▶

每个人都要以情感的自我感觉为基础,才能发展换位思维。这要求我们首先要坦诚地面对自己的感情,感受自己真实的感情,这样我们才能准确地研读他人的情绪和感受。尤其是在对他人有所求的情况下,要想与他人做一笔交易,就更是要把握住他人的核心需求,给予满足。唯有如此,才能最大限度打动他人,让他人心甘情愿地接受我们的交易条件。当然,这里所说的交易不仅指的是金钱交易、物质交换,也指的是感情的相互满足。

第四章　学会换位思考，以思维的金钥匙打开对方紧扣的心扉

以换位思考的方法说服对方

在试图说服他人的时候，我们也可以采取换位思考的方式，把话说到对方的心里去，才能让说服更有效果。要想成功地做到这一点，我们首先要发掘自己与对方的共同点，这样才能及时调整自己的说服策略，争取以语言打动对方；其次，要打开对方的话匣子，认真倾听对方，这样才能了解对方的真实需求，也洞察对方的心理需求；最后，要营造轻松愉悦的谈话氛围，不要把说服变成是一场没有硝烟的战争，使得情势剑拔弩张，一触即发，这样是不可能成功说服对方的。唯有让对方放下警惕和戒备的心理，我们才能让对方在不知不觉间敞开心扉，发自内心地接纳我们的观点。

在中国历史上，有很多说服的案例，例如毛遂自荐的故事，围魏救赵的故事等。接下来，我们就看看触龙是如何劝说赵太后同意让长安君去齐国当人质，从而拯救赵国的。

在赵国，赵太后才刚刚掌管大权，强大的秦国就趁着赵国动荡之际，开始进攻赵国。赵太后根基未稳，面对强大的秦国根本无力抗衡，思来想去，她决定向齐国求救。

齐国说："把长安君送来当我们的人质，我们才会派出

援兵帮助你们。"赵太后当然不愿意把亲生儿子长安君送到齐国去,大臣们为了国家安危,全都极力劝说赵太后,却被赵太后坚决拒绝了。眼看着赵国陷入绝境,左师公触龙主动请缨,试图说服赵太后。赵太后得知触龙求见,当然知道触龙前来所为何事。她怒气冲天,对触龙怒目而视。触龙虽然缓慢地挪动着脚步,实际上却做出快步走的姿势,来到了赵太后面前马上伏地谢罪,说道:"太后,老臣很久没来给您请安了,罪该万死。这都是因为老臣的脚生了疾病,无法快跑。我心想,我知道自己有脚疾,但是太后不知道啊,而且许久未见太后,我很担心太后的贵体。"

赵太后听到触龙的话,依然余怒未消,说道:"我都是坐辇车。"

触龙问:"您每天的饮食情况如何?"

赵太后说:"我吃得很少,一点点稀粥而已。"

触龙说:"最近,我没有胃口,不过发现强撑着走一走,反而食欲会略微增强,身体也会感到略微舒适。"

听到触龙一直没有劝说自己,赵太后的面色这才缓和一些,说:"我现在就算强撑着,也走不动啦!"

触龙继续说道:"我想让我的小儿子舒祺成为黑衣卫士,负责保卫王宫。虽然他才15岁,我很舍不得,但是父母爱孩子，就要为孩子考虑长久。所以我知道，您最疼爱的是燕后，其次才是长安君。"

赵太后赶紧纠正触龙的话，说："你说错了，我更疼爱长安君，其次才是燕后。"

触龙说："我记得您非常疼爱燕后，在她出嫁时泪流不止。她出嫁之后，您常常思念她，经常祷告她能在他国生儿育女，繁衍子孙，世世代代无穷无尽。"

赵太后默然点头。

触龙继续说："历史上，很多国君的子孙没有功勋却拥有很高的地位，没有功绩却享受丰厚的俸禄。如今，您也是这样对待长安君。老臣认为，您正好可以借此机会让长安君真正地为国立功，这样将来他才能继承您的王位。我看，您为长安君的打算不如为燕后的打算更长久，您还是更爱燕后。"

赵太后陷入了沉思，最终采纳了触龙的谏言，以一百辆车子护送长安君去齐国当了人质。齐国发兵援赵，秦国这才撤了大军，赵国得救了。

俗话说，伴君如伴虎。哪怕秦国的大兵压境，对于老臣触龙而言，赵太后也依然是高高在上的君主，而且赵太后已经当众表态拒绝送长安君去齐国当人质了。在这样的情况下，触龙要想说服赵太后,谈何容易呢?一则,赵太后已经提高警惕,防备着有人不识好歹继续劝说她;二则,一旦触怒赵太后,触龙项上人头就有可能保不住了。但是面对国家安危,触龙不能无动于衷,因而冒死进谏。

触龙非常聪明,先是以其他话题作为开场白,消除了赵太后的抵触心理;继而采取共情的方式与赵太后形成共鸣——为人父母都很爱自己的孩子,从而获得了赵太后的好感;最后,以换位思考的方式成功地说服了赵太后,让赵太后借此机会帮助长安君建功立业,这是更深切地爱长安君的方式。由此一来,赵太后心服口服,非但没有动怒,还采纳了触龙的建议,最终决定送长安君去齐国当人质。

现实生活中,我们常常需要说服他人,使自己的观点和想法得到他人的认可,这绝非一件容易的事情。例如,天气冷了,妈妈要说服孩子多穿一件衣服;在职场上,代表公司与客户谈判签约,作为销售员说服客户购买自己的产品等,这都是说服的不同表现形式。要想成功地说服他人,只想达到自己的目的是绝对行不通的,必须以换位思维优先考虑他人的利益和需求,才能成功地打动对方。

> **◀ 思维觉醒 ▶**
>
> 需要注意的是,说服是以鼓动的方式让对方心动,继而行动,而不是试图操纵对方,或者是指挥对方。因此,说服时切勿采取居高临下的姿态面对对方,而是要摆正自己的位置,了解对方的实际需求,洞察对方的心理需求,也要与对方产生共鸣。这是因为大多数人都喜欢与和自己相似的人交往,这样更容易产生志同道合的感觉。所以我们要时刻牢记换位思考的诀窍之一,就是先发掘共同点,让对方把我们当成自己人,这样说服也就水到渠成了。

站在对方的立场上看待问题

站在对方的角度看问题,是换位思维的显著特征之一。通常情况下,大多数人都有着强烈的主观意识,因而会自觉地从自身角度出发看待和考虑问题,具有主观的局限性。当学会站在对方的角度和立场上看待问题时,我们就拥有了全新的视角,这对于解决问题是大有裨益的。此外,我们还会假设自己置身于对方的处境,从而理解对方的感受和苦衷,因而发自内心地关爱和照顾对方,这样才能更加顺利地解决很多问题。在此过程中，我们还有可能与对方建立良好的关系呢。

当然，真正做到站在对方的角度看待问题并不是一件容易的事情。这意味着我们要放弃以自我为中心，不再坚持自私任性的做法，不再霸道蛮横地对待他人。原本，这些都是不好的思维习惯，我们理应摒弃，那么刚好可以借此机会形成良好的思维模式，养成换位思考的好习惯。

乔·吉拉德被誉为世界上最伟大的推销员，在销售领域创造了一个又一个奇迹。他之所以能够顺利地把汽车推销出去，正是因为他很有同理心，也很愿意站在对方角度考虑问题。

一天，一位穿着朴素的中年妇女走进展销室，乔·吉拉德接待了她。这位妇女明确地告诉乔·吉拉德："我并不打算买车，我只是想看看不同的车型，打发无聊的时间。"听到这话，其他同事都对乔·吉拉德挤眉弄眼，示意他不要在这样的无效客户身上浪费宝贵的时间。但是，乔·吉拉德就像对待真正的准客户那样热情地接待了这位妇女，丝毫没有因为她的穿着打扮而怠慢她。

很快，乔·吉拉德就凭着亲和力与中年妇女攀谈起来。在沟通的过程中，乔·吉拉德得知中年妇女一直以来都梦想着拥有一辆白色的福特车，因为她的表姐就开着一辆白色的福特车。她还说自己先去了对面的福特车行，但是那个车行里的销售人员对她爱答不理，还说自己正忙着，让她晚一个小时再过去。这样的冷遇使中年妇女心灰意冷，但是她还是固执地想要购买一辆白色的福特轿车，所以她在进门的时候才会说自己只是打发无聊的时间。在此过程中，乔·吉拉德对中年妇女表示理解，还说自己也很喜欢白色的汽车，而且说出了福特汽车的很多优点。这使得中年妇女就像是遇到了知己一样打开了话匣子，一直滔滔不绝地诉说着。最后，她告诉乔·吉拉德："其实，今天是我的生日，我已经56岁了。"

乔·吉拉德当即祝福中年妇女生日快乐，而且偷偷地让同事替他出门买一束花。接下来，乔·吉拉德把展厅里卖得最好的白色轿车介绍给了中年妇女，这个时候，同事刚好捧着一束玫瑰花走了进来。乔·吉拉德把这束玫瑰花送给中年妇女，再次说道："夫人，祝您生日快乐。"这位中年妇女感动得热泪盈眶，说道："我已经很久没有收到过玫瑰花了，谢谢你，年轻人。其实，我不一定要买福特车，我只是觉得和表姐买一样的车也很不错。现在，我更愿意买你推荐的这款车，只要它是白色的，就能让我感到快乐。"

最终，这位中年妇女从乔·吉拉德这里购买了一辆雪佛兰轿车，并且支付了全款。乔·吉拉德从未劝说这位女士放弃购买福特，反而说了很多福特汽车的优点。但是，他的理解、关心都打动了这位中年妇女，所以中年妇女才会主动放弃此前购买福特汽车的计划，转而购买了乔·吉拉德销售的雪佛兰汽车。

不得不说，乔·吉拉德已经到达了销售的至高境界，那就是全程没有说任何推销的话，更没有试图说服客户改变主意，客户就主动地做出了改变，完成了乔·吉拉德期望的购买行为。这一切都是因为乔·吉拉德始终站在客户的角度思考问题，不但与客户产生了共鸣，而且真诚地为其献花祝福客户生日快乐，让客户感受到了久违的温情。这不但是一个成功销售汽车的案例，也是人间有爱的证明。

要想成功地说服他人，我们就一定要改变急功近利的心理。在销售行业中，很多销售员都有着明确的目的性，他们热情地接待客户只是因为误以为客户会从他们那里购买一些产品，而一旦看到客户穿着打扮不像是有钱人的模样，或者认为客户没有诚意立即完成购买行为，他们的热情就会一落千丈，甚至马上如同变了一个人似的对客户爱搭不理。不得不说，这是非常糟糕的行为，对于成功地打动和说服他人是极其不利的。

> ◀ **思维觉醒** ▶
>
> 每个人的内心都是非常敏感的，既能够觉察到他人对我们的好，也能够觉察到他人对我们的不好。任何时候，都不要把销售当成一锤子买卖，当我们真心为客户着想，客户是一定能够感受到的。在做出其他说服的举动时，也要尽量站在对方的立场上着想，这样才能急对方之所急，想对方之所想，真正地打动对方。

即使换位思考，也可以为自己谋利益

在人际交往中，如果人与人之间想要建立良好的关系，使得友谊地久天长，那么每个人都要为对方着想。为对方着想，是换位思维的一个重要宗旨。对于那些自私自利，只会为自己谋求利益的人，我们常常会嗤之以鼻，甚至刻意地疏远对方，不愿意与对方建立任何关系。反之，如果一个人宽容大度，处处都为他人着想，那么我们就会对对方产生好感，心生敬佩，也会很愿意与对方交往，甚至成为朋友，建立更加亲近的关系。其实，每个人都应该尽量为他人着想，这样才能营造良好的人际交往氛围，也才能让自己拥有好人缘，结交更多的朋友。

有些人也许会担心：如果我总是为对方着想，是否就会损害自己的利益呢？当然不是。正如人们常说的，世界上没有永远的敌人，只有永远的利益。很多人原本是敌人，因为有了共同的利益，也就齐心协力地改善了彼此的关系，成为朋友。而朋友之间，利益是一致的。很多时候，我们替朋友着想，朋友也会为我们着想；我们维护了朋友的利益，朋友感到开心，我们也会感到开心。这是合作共赢的局面。

一个人来到了地狱中，看到地狱里摆放着很多美味的食物，但是每个人都瘦骨嶙峋，看起来已经很久没吃饭了。原来，他们拿着的筷子太长，夹起食物根本送不到自己的嘴巴里。后来，他又去了天堂。他发现天堂里提供的食物和餐具同地狱里提供的是相同的，但是天堂里的每个人都红光满面，这是为什么呢？原来，天堂里的人虽然也拿着长长的筷子，无法喂给自己食物，但是他们却互相合作，每个人都把食物喂给身边的人，就这样人人都可以吃得肚饱溜圆了。原来，是否能够为对方着想，是否具有合作的意识，正是天堂和地狱的区别。

卡耐基很喜欢钓鱼，每到夏天，他就会去梅恩钓鱼。虽然他很喜欢吃奶油和杨梅，但是他从不会用奶油和杨梅钓鱼，这是因为他知道鱼更喜欢吃虫子。由此可见，一个钓鱼的人必须以鱼的需要为标准准备钓饵，而不能以自己的喜好为标准准备钓饵。根据所钓的鱼种类不同，还要准备不同的钓饵。如果我们总是固执地使用相同的饵料，试图钓上来不同的鱼，那么一定会感到失望。除了钓鱼之外，不管是在生活中还是在工作中，我们还要学会为他人着想。很多时候，为他人着想并不意味着我们要牺牲自己的利益，如果能够既为他人着想，也兼顾自己的利益，可谓圆满。

有一对夫妻，丈夫是上海人，妻子是四川人。他们彼此相爱，最终选择携手走入婚姻的殿堂。但是才结婚没多久，妻子就生气地回了娘家。妈妈看到女儿哭红的眼睛，问道："你们才刚刚结婚，怎么就吵架了呢？"女儿委屈地说："每次我辛辛苦苦地做饭，他总是嫌弃太辣。等到他做饭的时候，又都特别甜，我根本吃不惯。"妈妈恍然大悟，笑着说："他做饭清淡偏甜，你可以准备一碟辣酱啊！如果你做得太辣，不习惯吃辣的人是根本吃不了的，你那么爱他，也不忍心看着他饿肚子吧！"在妈妈的一番劝说下，女儿这才回到与丈夫的小家中。

后来，每次做饭，妻子都会有意识地不放辣椒，而给自己准备一碟辣椒酱。渐渐地，丈夫改变了做饭的习惯，学会了很多正宗的川菜，而给自己准备一碗清水，把菜涮一涮再吃。就在这一碟辣酱和一碗清水中,他们把日子过得和和美美,再也没有因为吃饭的口味不同而吵架了。

对于很多地域不同的新婚夫妻来说,在生活习惯方面,尤其是饮食口味方面,的确是需要磨合的。如果人人都以自己的口味为主,而丝毫不考虑对方的口味,那么每次吃饭都会闹得很不愉快。幸好,这对夫妻领悟出了为对方着想,与此同时兼顾自己利益的好方式,才能尽快地磨合好,让新婚的生活少了一些不和谐的音符,而变得更加幸福甜蜜。

◀ **思维觉醒** ▶

当然,在协调的过程中,一定是需要有人做出让步的。我们不妨先做出让步,相信对方在看到我们让步之后,也会做出相应的让步。正所谓一个巴掌拍不响,对于各种类型的人际关系而言,必须双方共同努力,相互示好,才能让关系好上加好。一个人如果心里只有自己,是不可能建立良好的人际关系的。在日常生活中,与其总是以"我"开头说每一句话,不如把"我"变成"我们",这样才能无形中拉近我们与他人之间的关系,也让我们坚持维护我们的利益。

不要强求对方接受你的观点

每当与他人意见有分歧的时候，我们总是情不自禁地想要说服对方，使对方接受我们的观点。如果对方拒绝接受我们的观点，我们还会想方设法继续说服，不达目的誓不罢休。当我们以强硬的态度要求对方必须接受我们的观点，事情便会向对方之间闹矛盾，导致不愉快，甚至彼此的关系破裂的方向发展。不得不说，这是得不偿失的。在这个世界上，每个人都是与众不同的存在，有自己的思想和观点。在坚持自己观点的同时，我们要由己及人，尊重他人的想法和意见。唯有如此，才能做到和平共处。

一个人想要得到他人的尊重，就要首先尊重他人；一个人要想得到他人的平等对待，就要首先平等对待他人。换言之，我们如何对待他人，他人就会如何对待我们。从这个意义上来说，我们看到的世界是我们内心折射出来的样子，也是我们的行为塑造的样子。所以，当我们虚心地接纳他人的意见，真诚地倾听他人，就能为自己营造出和谐愉悦的沟通氛围，也能够为自己建立真诚友好的人际关系。

很久以前，有一对好朋友经常一起做很多有趣的事情，例如一起聊天,一起登山,一起钓鱼。令人惊讶的是,这对好朋友一个是嗜酒如命的屠夫,一个是负责传道的牧师。人们很纳闷他们为何会成为好朋友,又惊奇地发现牧师从来不与屠夫谈论饮酒的事情。

因为屠夫经常烂醉如泥,闯了很多祸,也严重了损害了自己的身体,所以不管是亲戚还是朋友,只要一见到屠夫,就会劝说他戒酒。遗憾的是,屠夫对大家的话充耳不闻,依然故我。亲戚朋友们无奈之下只好找到牧师,请求牧师劝说屠夫戒酒。但是,牧师见到屠夫只是一如往常地聊天,做让彼此开心的事情,就是绝口不提戒酒。

终于有一天,屠夫被儿子嫌弃,因而主动请求牧师帮助他戒酒。牧师请教了医生专业的戒酒方法,帮助屠夫成功戒酒。后来,屠夫再也没喝一滴酒。亲友感到很纳闷,有一天终于忍不住问屠夫:"你身边有那么多人都劝说你戒酒,你为何偏偏要请牧师帮助你戒酒呢?"屠夫感动地说:"因为牧师从来没有逼着我戒酒,更没有强迫我接受他的观点。"

从屠夫的回答我们不难看出,如果牧师和其他人一样反复劝说甚至逼迫屠夫戒酒,那么屠夫就不会这么信任牧师,更不会主动寻求牧师的帮助。由此可见,人们更愿意主动地去做一些事情，而不愿意被逼着去做一些事情。牧师的高明之处恰恰在于，他把主动的权利留给了屠夫，也把做决定的权利留给了屠夫。和被人逼迫着戒酒反而产生抵触和对抗心理相比，当屠夫意识到自己的确需要戒酒，也真正想要做到戒酒，他就产生了内在的动力，也能够真正督促自己做出正确的举动。

不可否认的是，每个人都是独特的存在，每个人与他人都是不同的。尤其是在人际相处中，人与人之间的差异会更加凸显出来，在这种情况下，为了更好地体谅他人，我们就应该运用换位思维，尽量站在他人的角度和立场上思考问题，而不要不由分说地就把自己的意志强加给他人。否则，对方非但会误解我们，还会因此对我们心生抵触，不愿意配合我们改变自己。

要建立平等的人际关系，我们就要彻底消除内心的偏见，以满怀同情的心理理解他人。很多时候，主观的偏见会使我们在无意之间就伤害他人，导致他人对我们耿耿于怀，自然不愿意敞开心扉对我们倾诉，更不愿意敞开怀抱接纳我们的到来。具体来说，我们要以同情心包容、接纳和理解他人的观点，要知道他人也需要维护自身的利益。此外，我们还要形成大格局观，拥有容人的度量，这样才能感化那些抱有偏见的人，使他们在感情上产生转变，能够真正和善友爱地对待他人。

现实生活中，企图把自己的想法和观点强加于人的现象非常普遍。例如，父母总是打着为孩子好的旗号，要求孩子必须凡事都听从自己的安排，而从不了解孩子真正想要和需要的是什么。再如，很多夫妻在装修的时候常常闹矛盾，就是因为每个人都要按照自己的喜好布置房间，而把对方的想法置之不顾。如果能够运用换位思维，更多地考虑对方的所思所想，也真正尊重和接纳对方的想法，那么很多亲子矛盾、夫妻矛盾都会烟消云散。

> **◀ 思维觉醒 ▶**
>
> 在人际交往中，每当与人之间产生矛盾的时候，每当感到有些事情不尽如人意的时候，我们就要采取换位思维，发自内心地尊重对方，理解对方，才能从根本上解决矛盾。这个世界原本就是多元化的，既有形形色色的人，也有各种不同的思想。没有人能够保证自己始终站在权力的顶端对他人发号施令，也没有人能保证自己的所有想法和观点都是正确的，既然如此，不妨认真地倾听他人的想法，也积极地采纳他人的意见，有商有量与他人齐心协力解决问题。

改变自己，以适应他人

任何人都不可能始终生活在同样的环境中，任何人所生存的环境也都不可能始终保持不变。所谓环境，从广义上来看，不但包括周围的摆设、景色，也包括周围的人和事情。一旦有了人和事情的介入，情势就会变得更加复杂，因为不管是人，还是任何事情，都充满了变数，都是不可控的因素，这就使广义的环境变得更加瞬息万变，复杂多样。对于每个人而言，必须学会适应环境，也要学会融入新环境，才能更快地成为环境中的一个重要因素，获得更好的生存。

一直以来，大多数人都局限地以为所谓换位思维，指的是我们要学会站在他人的角度和立场上，学会为他人着想，理解和体谅他人的辛苦。其实，这只是在人际交往中的换位思维。如果把换位思维运用于环境，则意味着我们需要积极主动地适应周围的环境，既包括周围的客观条件，也包括周围的人和事情。举个简单的例子来说，你作为身在广东的四川人，想要开一家四川菜馆，那么你千万不要开一家纯粹地道的四川菜馆，因为绝大多数广东人都不喜欢吃辣，只有少数和你一样身在广东的四川人想吃家乡味，也只有极少数广东人能适应四川口味。这就决定了你必须适应广东的环境，去开一家有四川特色,兼具广东风味的四川菜馆,这样你才能既抓住四川人的胃,也抓住广东人的胃,还能拉拢那些口味包容、喜欢尝鲜、来自五湖四海的食客们。除了在菜品上要多下功夫之外,你还需要研究广东人和四川人不同的性格。例如,广东人作为典型的南方人,性格温和,饮食精致,且又非常精明;四川人则性格泼辣、直爽。总而言之,广东人的性格和四川人的性格是截然不同的,立足于广东的大环境,开好四川菜馆,是你必须以改变自己的方式才能实现的目标。

其实,小到个人,大到企业,都切勿只关注自己,而忽略外部。作为个人,哪怕是在家庭生活中也要多多关注身边的家人,而作为企业需要关注的人和事情则更多,例如当地人的性格特点、当地的政策、客户的心理特点、同行企业的竞争优势和劣势等。很多情况下,我们无法改变他人,那么就要积极地改变自己,这样才能主动地适应周围的环境,让自己更好地立足和生存。

小安和小杜是一对新婚夫妻。结婚之前,他们感情很好,恨不得一天24小时黏在一起,片刻都不愿意分开。但是,才结婚没几天,他们就吵了好几次架,这是为什么呢?原来,小安是土生土长的城里人,从小就过着优渥的生活,不管是吃饭还是穿衣，都非常讲究。小安习惯了吃苹果要削皮，因为她认为苹果皮上不但有农药，还有可能打了蜡，所以必须削皮。小杜呢，则是土生土长的农村人，从小习惯了粗犷的生活，不太注重细节，又非常节约。看到小安把那么贵的苹果削皮吃，小杜很难接受，坚持认为苹果皮更有营养，削皮太可惜了。就这样，他们因为吃苹果到底是削皮还是不削皮这件事情，闹得不可开交，小安甚至一气之下回了娘家，小杜也整天郁郁寡欢，愁眉苦脸。

办公室里的老同事看到小杜才结婚就满面愁容，询问小杜是不是遇到了什么难题。小杜沮丧着脸对老同事说："老马，我真是搞不明白，苹果那么贵，皮又很有营养，为何一定要削皮吃呢？"听到小杜的话，老马忍不住哈哈大笑起来，说："你们可真是新婚夫妻，这有什么好吵架的，就为了这么一件小事也能吵起来。这个问题很简单啊，既然你们都不能接受对方，那么你爱人想削皮就削皮，你要是觉得削皮可惜，就把皮吃掉不就行了！"老马的话一语惊醒梦中人，小杜一拍脑门，说道："对呀，我怎么就没想到这个好主意呢！以后，小安负责吃果肉，我负责吃果皮。"因为放弃了想要改变小安的想法，而是转为改变自己，小杜与小安又恢复了新婚的甜蜜和幸福。

对于新婚夫妻而言，的确会存在很多方面都需要磨合的情况，这是因为结婚毕竟不同于谈恋爱，谈恋爱是相互欣赏和喜爱，结婚则要共同生活。因为各种观念的不同，因为生活习惯的不同，新婚夫妇在很多方面都会面临挑战。在这种情况下，和谐共处的关键在于不要强求对方改变生活习惯，或者顺从自己的生活习惯，而是要多多体谅对方，多多包容对方。如果存在不可调和的矛盾，那么可以适度地改变自己，从而更好地适应对方。相信当自己表明主动改变的态度之后，对方也会做出相应的改变，这使得彼此的关系会良性发展。

◀ 思维觉醒 ▶

从本质上来说，人际相处就是需要从不适应到渐渐适应，从矛盾丛生到渐渐和谐。虽然这个过程并不那么顺利，但是在经历这个过程之中，相信我们一定会从中获得成长，获得进步。需要注意的是，我们要主动地改变自己以适应环境，这样才能更好地生存和发展。

无畏下的从众很可爱

在集体生活中，个人的思维方式常常会与群体的思维方式不同，某个人或者少部分人就会因此提出与众不同的意见，甚至与群体发生分歧或者冲突。在这种情况下，有些人选择坚持己见，据理力争，常常导致矛盾激化，使得彼此都不愉快。也有些人在意识到自己的想法有失偏颇，或者不够理性之后，当即就会选择从众，这会让人感受到他们的随和与从谏如流。也有人和这两种人都不同，有些人因为害怕起冲突，或者因为没有自己独立的想法和观点，所以迫不及待地选择了人云亦云。他们原本以为这样放弃自我、盲目从众的行为能够帮助他们赢得好感，其实不然。

从某种意义上来说，人云亦云是不受欢迎的。在群体生活中，如果要求大家都积极地表达自己的想法，目的就在于听到和了解不同人的不同想法，而不是为了第一时间达成一致。人云亦云恰恰使群体讨论失去了这样的意义。其实，群体越小，个人和群体的意见和观点越是容易出现分歧。例如，在三口之家里，因为个体的力量与群体的力量并非相差悬殊，所以个体更能够坚持表达自己的想法。反之，在规模很大的群体里，当大多数人都保持一致，少数人或者选择人云亦云，或者选择从众，反而更容易因为人们普遍存在的随大流思想而达成一致。

在群体中，其实大多数人都会选择从众，群体的规模越大，从众的概率越高，这也就意味着个体的思考只能在很小程度上影响群体的思考。当然，个体的地位也决定了个体说话的分量。例如在企业中，如果普通员工的意见与大多数人不一致，那么只能选择从众。如果企业的老总意见与大多数人不一致，那么很有可能力排众议坚持自己的想法，坚持做出自己的决断。

那么，作为群体的负责人，当发现群体中有人选择盲从，逐渐失去个人特色时，又该怎么做呢？别着急，遇到这样的情况，换位思考同样能够起到良好的效果，只要恰当地运用换位思维，就能够帮助盲从者不失个人特色地真正融入群体之中。

作为初到美国的留学生，小张对于美国的文化背景完全不了解。在课堂上，每当老师讲一些有文化背景的笑话，哪怕小张凭着极高的英语水平听懂了，也完全不能理解笑点在哪里。尤其是很多笑话都是有宗教色彩的，小张听起来更是满脸懵懂。然而，他常常选择尬笑，因为如果大家哄然大笑，唯独他一本正经、满脸严肃地坐在那里，那就显得太不和谐了。至少，假装笑一笑，可以让自己显得不那么傻。正是在这样的情况下，小张在课堂上始终保持紧张和敏感的状态，一旦遇到听不懂的地方，就会选择随大流。

直到有一天，小张听到老师讲了一个笑话，又与往常一样也学着其他同学的样子笑起来,但是,坐在他身边的美国女生敏锐地察觉到小张笑声的延迟与刻意,于是小声地给他解释了笑话的文化背景,又在下课后主动提出一起吃午饭,顺便给小张讲讲美国的文化,小张才意识到自己盲目的从众行为也很可笑。很快,小张与友善的美国女生成为了好朋友。美国女生负责给小张讲述美国文化,小张负责给美国女生介绍中国文化。渐渐地,他们还会说自己国家的笑话,以对方是否能够听懂来考验对方。很快,小张消除了文化陌生感,在课堂上真的能够跟随老师的讲课而开怀大笑了。偶尔,小张还会遇到听不懂的笑话,他不再选择盲目从众,而是会谦虚地求教身边的美国同学,这让他感到非常放松。很快,小张因为勤学好问还结交了很多美国朋友呢,他们都说小张非常可爱,敢于面对自己不懂、不会的地方,是值得他们学习的。

理解自己的立场,是换位思考的重点。一个人不管是不是制定团体规范的人,都要有基本的立场。在团体生活中,我们要以明确的目的对待新人,这样才能帮助新人融入集体,成为集体的一分子。我们唯有摆正立场,才能理解新人的某些个体行为,也更加频繁地与新人交流。显而易见,在上述事例中,先伸出橄榄枝的女孩就是这么做的。作为被关注和融入的新人，小张也最终选择直面自己的短板，积极地弥补短板，所以他才会显得可亲可爱。

◀ 思维觉醒 ▶

当然，也有些个体并不那么急迫地想要融入团体之中，甚至还明显地表现出拒绝服从的意思。之所以出现这种情况，往往是因为团体的某些规则触犯了他们的利益，使他们不愿意遵守规则。遇到这种情况，除非个体是在无理取闹，那么团体应该包容个体的诉求。不管我们是团体的负责人，还是需要融入团体的新人，都应该怀着一个共同的美好的愿望，才会让团体生活更加愉快和美好。

第五章

人生就是一场场博弈，
懂得博弈才能掌握主导权

对于人生，每个人都有不同的理解。有人认为人生是一场场旅途，可以观赏沿途的风景，说不定还有惊喜的收获；有人认为人生是一次次冒险，必须充满勇气，才能看到他人看不见的风景；也有人认为人生是一场场博弈，必须懂得博弈之道，才能掌握主导权。那么，我们如何才能在人生的每一次博弈中获胜呢？

> 深度思维

你会下棋吗

乍听到"博弈"这个词语,很多人都会觉得高深莫测。实际上,博弈的意思是"游戏",更确切地说,博弈是一场胜负分明的游戏。从这个意义上来说,博弈思维也是"游戏理论",告诉我们要把很多事情都当成是一场游戏,都要努力地分出胜负输赢。当我们采取博弈思维面对人生中的很多事情,就会从不在乎结果,变得更在乎结果,也会从没有明确的目标,变得目标明确。从激励的角度来说,这当然是很好的,使我们有了胜负心,有了输赢心。

很多人都会下棋,也喜欢下棋,其实,下棋就是日常生活中屡见不鲜的博弈场景。在下棋的过程中,每一方都慎重地思考,希望能够考虑周全,走好每一步,也希望自己最终能够获胜。正因如此,他们才会为了一着棋而苦思冥想,要在仔细权衡之后才能做出最终的决策。很多热爱下棋的人一旦意识到自己的某一步走错了,就会非常懊悔,仿佛他们输掉的不是一盘棋,而是整个世界一样。不懂得下棋的人看到他们的表现往往会感到难以理解，懂得下棋的人却理解他们为何如此懊丧。

对于下棋爱好者而言，在苦思冥想的过程中，他们正在寻求博弈的招数，也就是在寻求制胜的招数。也许就在很短的时间内，他们就会在脑海中设想很多的方案，并且以极快的速度深入思考，权衡利弊，比较不同方案的优势和劣势，这样才能从中选出最好的方案。当落子无悔之后，就呈现出每一步的实际效果。很多父母都选择让孩子学习下棋，就是为了培养孩子镇定思考、果断权衡的能力，也让孩子在学会胸怀棋盘的过程中，开阔人生的格局。

如今，博弈思维方法作为一种科学思维方法已经得到了广泛运用。不管是在下棋时，还是在参加体育活动、实践活动、军事活动和生产经营活动时，甚至在人际交往的过程中，人们都会运用博弈思维方法，帮助自己抢占先机，占据优势，顺利取得成功。

不管是谁，一旦参加博弈，就必然怀着争强好胜的心思，想要获得胜利。为了实现自己的目标，他们在博弈的过程中一直在进行心理揣摩，想要洞察对方的心思，也在进行数学推算，想要预先知道对方的策略和方案。如果做出了正确的推断，那么他们就能赢得这场比赛；反之，如果做出了错误的推断，那么他们就会输掉这场比赛。需要注意的是，如果只有单方面的思想和行动，就无法形成博弈的局面。博弈一定是在双方之间进行的，博弈的双方会进行互动，根据现场的进展情况各自作出巧妙的应对策略，或者进行科学的数学推演。唯有在过程中步步为营，少犯错误，他们才能赢得最终的胜利。

很多人都喜欢看刑侦类影视剧，那么就会发现，警察总是单独审问罪犯。哪怕罪犯是团伙犯罪，也会在制服罪犯之后，当即把罪犯分开关押，单独审讯。这是因为把罪犯分开才能实现心理上的博弈，在他们不知道同伙是否招供的情况下，警察可以采取心理博弈的方法全面突破他们的心理防线，使他们之中的某一个对罪行供认不讳。这样一来，破案效率就会大大提升。我们可以设想一下，如果不把罪犯单独关押，也不采取单独审讯的方式，那么罪犯就会串供，彼此勾连起来统一口供，从而铸就一条坚固的心理防线，使得破案的进展缓慢，也给警察的审讯工作带来极大的困难。

博弈思维绝非天生，而是在后天成长的过程中，身经百战才能练就的。很多孩子特别聪明，总是能够应对父母的批评或者训斥，也是因为他们在经常被父母责怪的过程中学会了灵活地思辨，从而实现了为自己辩解的目的。在说服他人的过程中，同样需要博弈，因为说服的本质就是让他们接受我们的思想和观点，就是要占据上风才能实现的。此外，教师教育学生也是博弈的过程，只有赢得与学生的博弈才能让学生发自内心地接受教导。由此可见，在现实生活中，博弈也是随处可见，随时都有可能发生的。

> **◀ 思维觉醒 ▶**
>
> 要想提升博弈的水平，我们就要学习和掌握博弈思维的很多技巧。面对不同的现实情况进行博弈，也需要不同的技巧，如果脱离了具体的情境，技巧的作用就会大打折扣。所以，哪怕我们从理论上学习和了解了博弈，也依然需要参与实战，通过实践的方式才能提升博弈水平，练就敏感的思维，也极大提升反应的速度。

博弈思维的核心是理性

说起博弈理论，比的就是谁更理性。有的时候，聪明人未必能在博弈中获胜，这是因为他们很有可能非常冲动；反而是那些镇定自若的人，在博弈的过程中更能够凭借理性占据上风，取得胜利。关于博弈的理性，还有个可笑的故事呢。

从前，有两个相识的人结伴去同一个地方旅行。那个地方盛产瓷器，因此他们都买了一套精美的瓷器，想要带回家里当摆设。很快，他们结束旅行，乘坐同一班航班回家了。在取到行李之后，他们惊讶地发现自己购买的精美瓷器居然被摔碎了。他们勃然大怒，不约而同地向航空公司提出索赔。他们乘坐的航班经常在两地之间往返，所以航空公司的负责人询问了机长和乘务员，得知这两套瓷器的价格大概是1000元。然而，他们无法确定乘客到底是以多少钱购买的。这个时候，乘客服务中心的负责人灵机一动，想出了一个好主意：既然这两位乘客是结伴而行，而且购买了同样的瓷器，那么他们购买的价格也应该是一致的。为了避免乘客虚报价格，试图获得更多的赔偿，他让两位乘客分别在1200元之内写出瓷器的价格。他提前分别和乘客约定：如果两位乘客所写的价格相同，那么航空公司就会按照乘客提供的价格进行赔偿；反之，如果两位乘客所写的价格不同，那么航空公司就会按照比较低的价格进行赔偿，并且奖励写低价的乘客200元，反之，则对写高价的乘客罚款200元。

想要获取最大赔偿，本来两人最好的策略是都写1200元，这样两人都能够获赔1200元。可是事实并未如此发展，乘客甲想：如果我少写100元变1100元，而乙会写1200元，这样我将得到1300元，何乐而不为？所以他准备写1100元。可是乙也不笨，他算计到甲要算计他写1100元，于是乙准备写1000元。想不到甲也想到这一层面，估计乙要写1000元坑他，于是他准备写900元……他们在左思右想之后，最终整齐划一地把价格写成了100元。结果，两位乘客分别获得了100元赔偿，这可真是鹬蚌相争，渔翁得利啊。

看完这个故事，也许有朋友会提出，这两位乘客所写的最低价格应该是900元，这样才能在自己写出的价格更低的情况下获得1100元。然而，这是一场心理的博弈，理性使得这两位旅客忘记了各自的目的都是获得足额赔偿，而把关注点聚焦于如何才能获得200元奖金。正是因为过于理性，他们才会做出这样的荒唐事，最终都损失了1000元。

人都是理性的，恰恰是博弈论的基本假设。这项假设的含义是，面对相同的问题和相同的情境，人都能够控制住自己，以理性投入思考，而不会莽撞地提出任何要求。在选择策略的过程中，他们始终牢记自己的目标，就最大限度保证自己的利益。在下棋的过程中，下棋的人也是如此，不但要考虑自己如何下好每一步棋，还要预想对方下的每一步棋有何居心和用意，又有怎样的想法，想要达到怎样的目的。唯有这样瞻前顾后，想七想八，他们才能艰难地做出自己的决定。就像在谍战片里的很多双料间谍一样，他们甚至做到如此程度还觉得不够，生怕对方也揣摩出了自己的心思，因而必须想得更加深远，从而戳穿对方的阴谋诡计。面对博弈对手，说他们殚精竭虑也是不为过的。

实际上，面对一场又一场的博弈，没有人能够保证自己次次都能获胜。人是感情动物，很多时候未免会受到感情的影响，又因为愤怒、冲动等负面情绪，而难免出现考虑不周的情况。面对日常生活中的各种场景，我们未必要以博弈的心态去面对每一件事情和每一个人，因为长期紧绷着神经非要争个胜负输赢是很辛苦的。必要的时候，我们要学会更加看重感情，主动地对他人做出让步；在与人交流的过程中，切勿得理不饶人，句句抢占上风。如果赢得了博弈，却输掉了亲情、友情和爱情，那么当然是得不偿失的。

对于生活中很多琐碎的事情，胜负输赢并不重要，重要的是要收获美好的关系，收获纯真的感情，收获幸福的生活。当然，在真正需要博弈的情况下，我们就不能儿女情长了，尤其是在面对很多原则性问题时，我们必须打起十二分的精神，使出浑身解数，才能在言语的交锋中抢占优势，才能真正地做到以理服人，以情动人，让他人心服口服。

第五章　人生就是一场场博弈，懂得博弈才能掌握主导权

◀ 思维觉醒 ▶

每个人在社会生活中都扮演着不同的角色，一个人也许既是父亲，也是儿子，还是丈夫；一个人也许既是上司，也是下属，还是同事；一个人也许既是销售员，也是客户，还是理财师……这些看似相互矛盾的不同角色集合于同一个人的身上，使得一个人要身兼数职，内心的状态也是复杂多变的。既然如此，就要笃定做好自己，知道什么时候该以三寸不烂之舌说服他人，什么时候该花费一些小心思打动他人，什么时候该老老实实地臣服于他人。真正高明的博弈，是能够战胜自己虚弱的内心，能够真正地掌控和驾驭自己，让自己变得越来越强大。

学会进行最优化选择

人生，就是由一次又一次的选择构成的。在漫长的人生旅程中，每个人每时每刻都面临选择，小到今天中午吃什么饭，是凉皮肉夹馍组合，还是炒菜和米饭组合？大到应该买哪一套房子，是选择海景房，还是选择闹市中心生活方便的小平层？选择不同，结果也是不同的，这对于我们的人生将会产生不同

程度的影响。为了让选择更加有目的性，也更加有针对性，在选择之前我们一定要明确目标，切勿漫无目的地做出选择。

真正确立目标之后，接下来，我们就要以目标为核心，寻找各种不同的方案，制订各种不同的计划，全力以赴保证目标实现。在此过程中，我们需要比较不同方案的优势和劣势，需要预判不同计划有可能实现的结果，还有可能需要征求不同人的意见，向经验丰富的人请教，最终才能做出决策。当然，最重要的是要考虑实际情况。不管是方案还是计划，如果脱离了实际情况，就会渐渐地偏离目标，也失去意义和价值。

如果我们面对的问题或者需要处理的事情是相对简单的，那么我们很容易就能完善和优化方案，使得方案达到理想的效果。但是，如果我们面对的问题或者需要处理的事情是很复杂的，而且随时处于发展和变化之中，也牵扯到各个方面的因素，那么确定解决的方案就会很难，也无法保证选定的方案是万无一失的，是完美无瑕的。有些人因此就会被吓住了，处于停滞不前的状态，甚至彻底放弃尝试，也不愿意继续努力。不得不说，未雨绸缪当然很好，但是如果杞人忧天，就会出现这样的情况。最好的选择是，提前想好各种有可能发生的情况，做好应对的方案，然后按照选定的方案放开手脚去做，不管期间遇到怎样的难题都以"兵来将挡，水来土掩"为原则去面对。有的时候，情况会比我们预想的更加糟糕，我们必须全力以赴才能渡过难关；有的时候，我们会发现情况比预想的更加乐观，很多问题随着事情的推进反而得以解决，那么我们就会满载信心和勇气一往无前。

任何事情都处于发展和变化之中，这种发展和变化不是单向的，而是双向的，既有可能变好，也有可能变坏。我们不能被假想中的困难吓住，而是要以深思熟虑为前提，做出最优化选择。

在选择的时候，很多人都会犯选择困难症，面对各自都有优缺点的方案，他们既担心选择失误，也担心因为选择而失去一些利益。从辩证唯物主义的观点来看，任何事物都有两面性，不可能全都是优点，也不可能全都是缺点。既然如此，我们就要学会舍弃。很多情况下，舍弃就是得到，得到也有可能意味着失去。古人云，鱼与熊掌不可兼得，就告诉我们要遵从自己内心的指引，以满足自己的最重要需求为准则，做出理性的选择。

具体来说，在各种备选方案中做出选择时，我们要避开以下两个误区：第一，如果只有唯一的方案，那么可以另辟蹊径，而不是被动地接受；第二，面对不同的方案，要避免一叶障目，而是理性地看待每一个方案，必要的时候可以把每个方案的优缺点列举出来，也要明确自己最重要的需求是什么。在观看影视片时，我们会发现面对那些危急的情况，负责人通常会准备好几套方案，然后优先选择最佳方案。如果最佳方案不可行，或者半途中止，那么再用第二套方案。这样一来，对事情的处理就会非常连贯，而不会因为决定仓促造成严重的损失。

在处理日常生活中的很多问题时，虽然我们面对的不是非常危急的情况，但是我们也有想要实现的目标。尤其是在与他人的博弈中，我们必须准备多种方案，才能在需要的时候从容地进行选择。如果不能提前做好准备，而是在事到临头时再仓促应对，那么可想而知结果必然很难如愿。

众所周知，荷兰是一个非常美丽的国家，以盛产鲜花而闻名。每一个去荷兰旅游的游客，都会徜徉在美丽的花海中流连忘返，也会被荷兰整洁的环境所吸引，简直乐不思蜀了。游客们不知道的是，荷兰曾经的环境是非常脏乱差的，这是因为很多人都喜欢随地乱丢垃圾，导致很多街道上随处可见垃圾。虽然环卫部门的工人竭尽全力清洁垃圾，但是也无法保证国家每时每刻都清爽干净。为了彻底整治脏乱差的环境，政府部门特意公开征集优秀的处理方案，并且设置了相应的奖项。

很快，政府部门就收到了很多整治方案，并且从中挑选出几条有可行性的方案进行研讨和实践。

第一个方案是罚款，但是因为罚款金额不宜过大，所以很多习惯了乱丢垃圾的居民依然我行我素，这个方案效果堪忧。为此，政府部门提高了罚款金额，这使得居民从白天丢垃圾改为夜晚丢垃圾，因而每当一夜过去，清晨的街道卫生状况简直惨不忍睹，哪怕安排了很多巡逻人员昼夜巡视，也没有起到良好的效果。

第二个方案是很有创意的，即设置会讲笑话的电动垃圾桶，每当有人丢垃圾，垃圾桶的感应器就会感应到，然后主动打开垃圾桶的盖子，等到居民丢完垃圾后，垃圾桶就会自动合上盖子并开始讲笑话。每个垃圾桶里都储存着很多笑话，不同批次的垃圾桶里储存的笑话是不同的。很快，这个方案就得以推广，事实证明，居民们从之前的不喜欢把垃圾丢进垃圾桶，到热衷于丢垃圾，因为他们都喜欢听垃圾桶讲笑话。这件事情还引发了连锁反应，每个丢垃圾的人都会把从垃圾桶那里听来的笑话讲述给家里人，或者讲述给身边的人听，渐渐地，人际关系也得以改善，整个社会上都充满了和谐愉悦的气氛。

显而易见，和第一个方案相比，第二个方案是更加人性化的,所以得到了居民的欢迎。看起来,第一个方案是最优方案,因为只是出台了一项规章制度,辅以罚款的措施,并不需要政府投入多少资金就能执行,如果能够取得预期的效果,那么这个方案的性价比无疑是最高的。因此,政府才会优先选择第一个方案。但是,实践证明第一个方案的效果微乎其微,由此开始执行第二个方案。和第一个方案相比,第二个方案需要大动干戈,投入很多资金生产新型的垃圾桶,还要录入各种笑话。这样做的成本很高,但是效果却很好。和把荷兰打造成花园之国的旅游城市相比,付出这样的代价是值得的。正因如此,负责人才会在权衡利弊之后,终止执行第一个方案,开始大力推行第二个方案。

◀ **思维觉醒** ▶

从某种意义上来说,一个方案如果能够被列为备选方案,那么就意味着这个方案具有一定的可行性。至于到底选择哪个方案,则要综合方面的情况进行研判,也要进行成本分析、价值分析和效益分析等。唯有做好这些方面的工作,才能更加全面地评估一个方案的好坏,也才能最终决定执行哪个方案。

吃亏是福

在博弈的过程中，所谓的胜利者并非总是凭着巧妙的策略和强大的心理素质获胜的，很多情况下，胜利者往往需要付出一定的代价，哪怕他们选择了最优化策略。对于最优化策略，很多人都存在误解，觉得最优化策略一定是完美的，是无可挑剔的，是没有任何缺点的。实则不然。所谓的最优化策略，往往指的是那些能够帮助我们获得全局胜利的策略，但是这并不意味着采取最优化策略的我们可以毫发无损地全身而退。既然真正的赢是获得全局胜利，那么在谋略的过程中我们就要有所付出，甚至有所损失。举例而言，一个将军哪怕无比神勇，足智多谋，文武双全，也不可能打赢大大小小的所有战争。当一系列战争进入白热化阶段时，为了赢得转机，经验丰富的将军甚至需要故意输掉某一场战争，以便麻痹对方，使对方疏忽大意，这样才能趁此机会反败为胜，打得对方措手不及，彻底获得胜利。

不管是对于战争，还是对于生活中其他需要博弈的事情，所有的优化策略都会导致我们承受不同程度的损失，却能帮助我们最终获得胜利。所以我们一定要有长远的眼光，不但要看到眼前的利益，更要看到长远的利益，这样才能做到开阔格局，放长线钓大鱼，也才能做到胸有成竹，从容不迫。

威廉·哈里森从小就过着贫穷的生活，家境贫寒使得他常常感到自卑，因而长久地处于沉默之中。为此，很多人误以为哈里森是个傻子，还常常因此嘲笑他、欺负他。

有一次，一个居心不良的人故意捉弄哈里森，拿出了两枚硬币放在哈里森面前。其中，一枚硬币是1美元的，还有一枚硬币是5美分的。哈里森很想选择那一枚1美元的硬币，但是他不动声色地想了想，决定拿起5美分的硬币。看到哈里森真的是个傻孩子，围观的人们哄然大笑。很快，哈里森真的是个傻孩子的消息就传开了，十里八乡的人们只要有空闲，都想来逗一逗哈里森，为自己找点儿乐子。

他们看到哈里森，当即就会拿出一枚1美元的硬币和一枚5美分的硬币给哈里森挑选。哈里森一次又一次控制住自己想要拿起1美元硬币的欲望，告诉自己只能拿起5美分的硬币。毫无疑问，哈里森每次做出的选择都给人们带来了欢笑，所以更多的人乐此不疲地做着这件事情，哪怕他们已经都愚弄过哈里森很多次了。有一次，哈里森又选择了5分的硬币，一位好心的婆婆看到哈里森被人嘲笑很可怜，和颜悦色地问他："可怜的孩子，难道你真的不知道1美元的硬币更值钱吗？"哈里森笑着说:"尊敬的夫人,我当然知道1美元的硬币更值钱,但是人们更想看到我拿起5美分的硬币,这样他们才会感到快乐,也才会一次又一次地送5美分的硬币给我。一旦我拿起1美元的硬币,我就连5美分的硬币也得不到了。"听到哈里逊的回答,善良的夫人由衷地笑了起来。她始终保守着这个秘密,每当哈里森又一次选择5美分的硬币时,只有她的笑容是发自内心的,是欣慰的。

哈里森可不是个傻孩子,而是一个有着长远目光和大格局的聪明孩子。他很清楚,人们之所以热衷于逗弄他,恰恰是因为觉得他傻,又因为以付出5美分为代价购买欢乐是每个人都愿意做的,所以他才有了长远的利益,每次都能轻轻松松获得5美分。如果是一个目光短浅的孩子,一定会迫不及待地选择拿起1美元的硬币,那么他最终只能得到1美元,因为再也没有人愿意白白给他1美元了。

在博弈过程中,切勿奢望在每一次交锋中都占据上风,获得胜利,而是要有长远的目光,学会舍弃小的利益,以换取将来的大利益。这就和在下棋的过程中,经验丰富的人也会选择舍弃某个棋子,从而赢得整盘棋局一样。

人们常说,吃亏是福,就是这个道理。在职场上,很多职场人士都需要与人合作,在合作的过程中,也要从大局出发,而不要总是盯着眼前的利益不放。仅从一次合作来看,也许利润微薄,甚至是吃亏的,但是如果能够以此赢得长久的合作关系,那么从此之后就会业务稳定,财源滚滚,这种吃亏当然是值得的。此外,做人要有大义,哪怕没有利益回报,我们也能收获良好的关系,收获人脉资源,这当然是更为可贵的。

阿伟大学毕业后,进入一家小公司里工作。这家小公司刚刚成立不久,规模很小,除老板之外,只有五六名员工。因为阿伟年纪最小,所以不管有什么事情,老板都会让阿伟去办。阿伟总是笑呵呵地做好每一件事情,他名义上是文秘,实际上还是办公室主管,包揽所有的大小杂事,就连去申报税务这样的事情,如果老板没时间,阿伟也会毫无怨言地办好。有个年纪大点儿的同事提醒阿伟:"阿伟,不要那么好说话啊,我们拿的都是一个人的工资,凭什么你要干好几个人的活呢!"阿伟笑着说:"没事,我年轻力壮,睡一觉就满血复活了。"就这样在公司干了两年,公司的规模越来越大,比阿伟早一些进入公司的那几个人还在原来的职位上,唯独阿伟摇身一变成为老板的助理,也成为整个公司的大管家。

很多年轻人都不喜欢吃亏，尤其是在工作的过程中，总会选择明哲保身，坚持做好自己的分内工作，而对于额外的工作，他们哪怕闲着无聊，也不愿意去做。其实，正如阿伟所说的，年轻人精力旺盛，哪怕白天累一点，晚上得到充分的休息之后，次日就会满血复活。对于初入职场的年轻人而言，完全没有必要吝啬力气。仅从表面看来，一个人做了很多分外的工作是吃亏了，其实正所谓不经历无以成经验，一个人唯有亲身做好很多事情，才能积累丰富的经验，获得快速的成长。

◀ 思维觉醒 ▶

在生命的历程中，我们所经历的每一件事情，不管最终的结果如何，只要付出了，就不会了无痕迹。在时光的沉淀中，它们都会变成我们宝贵的人生财富，也成为我们不可多得的人生资本。从长远博弈的角度来看，吃亏是福恰恰是一种大智慧，是着眼于长远而不计较眼前得失的大格局。我们也要以吃亏是福为人生原则，不管是身处顺境还是逆境，始终都坚持学习与成长，坚持积累与升华。只要初心不改，持之以恒，我们一定能够通过量的积累实现质的飞跃，有朝一日一飞冲天。

深度思维

扬长避短,发挥核心竞争力

在现代社会中有一种奇怪的现象,那就是很多大学毕业生的薪资水平都远远不如农民工高,这是为什么呢?在若干年前,大学生非常稀缺,是社会生活中的抢手人才,各行各业都争抢着聘用大学生,因而大学生一毕业就会碰上铁饭碗,甚至是金饭碗。相比之下,农民工一抓一大把,很多没有技能的人只能去工地上出劳力,赚取辛苦钱,因而农民工的薪水很低。但是,随着高等教育的普及,如今社会上的大学生越来越多,不仅本科毕业生一抓一大把,硕士毕业生也不稀奇了,就连博士毕业生都随处可见。这使得大学生变得不再那么稀缺,所以薪资水平保持稳定,没有大幅度提升。相反,年轻一代农民工从小娇生惯养,不再像父辈那样能够吃苦耐劳,既不愿意来工地上干活,也不愿意进各种工厂当工人。劳动力的匮乏使得农民工的薪资水平逐渐提高。在达到一定的程度之后,就出现了普通大学生的薪资水平不如农民工高的怪象。

当然,并非所有的大学生赚钱能力都不如农民工。要想在众多的竞争者之中脱颖而出,大学生只靠着一纸大学文凭是远远不够的,还要发展自己的核心竞争力,这样才能在激烈的竞争中为自己赢得一席之地。所谓核心竞争力,顾名思义就是自己的特长和优势，与此同时，这些特长和优势应该是他人不能取代的。这就是每个人发展的根本。举例而言，一个师范学校毕业的学生，如果仅凭着文凭去找工作，胜算的机会很小，因为现代职场竞争非常激烈，就业的机会也十分宝贵；但是，如果一个师范学校的毕业生不但有一纸文凭，还擅长写作，在读大学期间就发表了很多文章，是小有名气的作家，那么相信很多学校都会争抢着要他。这就是核心竞争力。核心竞争力能够使我们从人群中脱颖而出，成为一颗耀眼的星星。

在一切形式的博弈中，都需要选择策略，选择怎样的策略，会对事情的结果产生深远的影响。那么，发展核心竞争力，以核心竞争力取胜，也是策略之一。关于选择发展哪一种能力作为核心竞争力，则要根据我们自身的情况和竞争的实际情况决定。通常情况下，兴趣是最好的老师，做擅长的事情，才更容易出类拔萃。

人生是一个线性发展的过程，我们今天所拥有的生活，也许恰恰是由我们三年前做出的选择决定的。例如，三年前我们发展了核心竞争力，那么三年后我们就会更顺利地找到如意的工作；三年前我们在大学校园里每天优哉游哉谈情说爱，那么三年后我们就会面临四处碰壁的困境。

曾经，有三个人一起被关进监狱里，他们的刑期都是三年。监狱长突然大发慈悲，允许他们每人提出一个要求，而且保证会满足他们的要求。为此，这三个人中的美国人要了三箱雪茄，因为他酷爱抽雪茄，认为如果没有雪茄，自己就活不下去了；这三个人之中的法国人要了一个美丽的女伴，因为法国人最爱浪漫，爱情是他们生命的必需品；这三个人之中的犹太人只要了一部手机，这样他即使身在监狱，也可以与外界保持联系。转眼之间，三年的刑期结束了，美国人第一个飞奔出来，他叼着一根雪茄，不停地喊着"火！火！火！"原来，爱雪茄如命的美国人只要了雪茄，忘记要火了，所以他在监狱里的三年每分每秒都饱受煎熬，眼睁睁地看着雪茄却不能抽，他简直要以为自己熬不过这三年了。第二个出来的是法国人，法国人可不是自己出来的，他一只手抱着一个孩子，一只手领着一个孩子，身后还跟着大肚子的孕妻。最后出来的是犹太人，他拿着手机一边打电话，一边昂首阔步地走出来，仿佛不是一个刑满释放的犯罪人员，而是一个出国刚刚回来的成功人士。原来，他在三年里一直用手机遥控指挥生意，赚了很多钱，为此他决定送一辆豪车给监狱长。

看看吧，这就是不同的选择不同的人生。犹太人显然发挥了自己的核心竞争力，非但没有因为被关在监狱里三年而与社会脱轨，反而把自己的公司经营得风生水起，还让自己的资产翻了几番呢。美国人呢，只想着抽雪茄；法国人呢，只想着玩浪漫。不过和没有火的美国人相比，法国人也算是有所收获，即拥有了幸福美满的家庭。人们常说，种瓜得瓜，种豆得豆，就是这个道理。

人生是漫长的，也是短暂的。对于充分利用生命中每一分每一秒的人而言，可以利用人生创造很多奇迹。对于那些虚度人生的人而言，则只会白白浪费宝贵的时光。要想拥有自己想要的人生，我们就要在今天做出明智的选择，就要从现在开始发展自己的核心竞争力。常言道，机会只属于那些有所准备的人，所以只有时刻准备着，我们才能把握生命中转瞬即逝的各种好机会，创造属于自己的精彩人生。

当然，人不仅有优势，也有劣势，不仅有核心竞争力，也会有各种各样的弱点。很多人都感到疑惑：相比起发展核心竞争力，弥补劣势，改变弱点，是否更加有利于我们的成长和发展呢？当然不是。很多人照搬木桶理论，认为对于一只木桶而言，能够容纳多少水是由最短的那块板决定的，因而也理所当然地认为，必须弥补自身的劣势和弱点，才能获得长足的发展。其实，人与木桶是不同的。我们固然不能任由劣势和弱点存在，但是只需要把劣势和弱点弥补到不至于影响我们发展的程度即可，除此之外，就要全力以赴地发展核心竞争力，因为只有核心竞争力才能决定我们人生的高度和未来的成就。

> ◀ 思维觉醒 ▶
>
> 人的时间和精力是有限的，没有人能够面面俱到，全面发展。即使我们投入所有的时间和精力用于弥补弱势，弱势也不会变成我们的优势，既然如此，我们为何不直接选择发展优势，形成自己的核心竞争力呢？这才是最具性价比也最高效的选择。唯有立足于自身原本就具备的优势进行长足的发展，我们才能把优势发展到极致，也拥有自己梦寐以求的人生。

第六章

在思辨的世界中，改变是唯一不变的

整个世界中的所有人和事物，都处于发展和变化之中，所以对于世界而言，唯有改变才是不变的，才是永恒的。既然如此，我们作为世界的一分子，就要做好心理准备，随时随地迎接和应对改变。

深度思维

有的时候,真理就在转弯处

有人说,真理和谬误是邻居,它们之间只有一墙之隔。遗憾的是,很多寻找真理的人跋山涉水,历经艰难,直到寻找到真理之后,才知道这个真相。古今中外,很多伟大的人都推崇真理,信奉真理。例如,培根曾经说过,每一个接触到真理的人,都会被真理征服。因为我们不但能够用真理衡量谬误,也能用真理衡量自身。正是因为真理与谬误只有一步之遥,所以在寻找真理的过程中,我们才常常会受到谬误的干扰。有的时候,真理明明就在眼前,我们却因为陷入了自己错误的设想之中,因而被谬误困扰,与真理擦肩而过。从这个意义上来说,我们必须摒弃谬误的干扰,才能真正地找到真理。

每到赶集的日子里,就有个楚国商人早早地来到市场上,占据一个显眼的地方售卖矛和盾。他先是高高地举起盾,大声地吆喝着:"快来买盾啊,快来买盾啊。我的盾是最坚固的,哪怕是最锋利的长矛,也不能穿过我的盾。"看起来,商人高高举起的盾的确很坚固,很快,就有一些人驻足围观,即使不买盾,他们也想看热闹。眼看着周围聚拢的人越来越多,商人不免有些得意起来,他放下盾,举起长矛,吹嘘道:"我这里不但有最坚固的盾,还有最锋利的矛。你们买了我的矛,不会吃亏,不会后悔,因为我的矛能刺穿一切坚固的盾,无坚不摧!"正当大家啧啧赞叹之际,一个围观的人问道:"你说自己的盾是最坚固的,多么锋利的矛都不能刺穿;又说自己的矛是最锋利的,能够刺穿一切坚固的盾。那么我问你,如果用你的矛刺你的盾,到底是盾更坚固呢,还是矛更锋利呢?"听到这个问题,楚国商人一时之间不知道该如何回答,满脸涨得通红,羞愧极了。

作为一个商人,推销自己的盾和矛都是没有错误的,错就错在不应该一边说自己的盾是最坚固的,一边又说自己的矛是最锋利的。这就是自相矛盾。幸亏围观的人群里,有人是非常犀利的,能够提出尖锐的问题,戳穿商人的谎言,也帮助大家看清楚真相。在现实生活中,我们也应该擦亮眼睛,看到事物的本质和真相,也识破他人不切实际的吹嘘之词。其实,如果这个商人能够换一种推销方法,不要把话说得那么绝对,给自己回旋的余地,那么就不至于这么尴尬了。一个人一旦自相矛盾，就很难为自己开脱和辩解。当然，这样自相矛盾的理论也是不可能成为真理的。

每个人都要执着地寻找真理，因为只有真理才是经得起推敲，在任何情况下都能成立的。在西方国家，有一则寓言故事广为流传，从中也能看出人们对于真理的执着追求，以及真理与谬误的近在咫尺。

有一天，一个人急急忙忙地敲响了一扇神秘的门。门应声而开，这个人急切地问道："你是真理吗？"门内的人不耐烦地回答："我是谬误。"敲门人当即离开了，又开始跋山涉水，不远万里地寻找真理。他走过了很远很远的路，爬过了无数座高山，风尘仆仆，筋疲力竭，也没有找到真理的踪迹。有一天，他灵机一动地想到：既然人人都说真理和谬误很亲近，那么我不妨去问问谬误，说不定谬误知道真理住在哪里呢！这么想着，他再次敲响了谬误的门，谬误开门了，这个人更加急切地问道："请问，你知道真理住在哪里吗？"

这一次，谬误懒得回答，当即砰的一声关上门，把这个人拒之门外。无奈之下，这个人只好继续寻找真理。他走过了一年四季，走过了风霜雨雪，走烂了若干双鞋子，依然找不到真理。他有些绝望了，所以他又一次来到谬误门前。他带着仅有的一丝希望敲响了谬误的门，这一次，谬误仿佛知道敲门的人又是他，怎么也不愿意开门，他再也没有力气继续寻找，只能使出仅有的力气重重地砸门。正在敲门声震天响的时候，谬误隔壁的门开了。他扭头一看，简直感到难以置信，原来，真理就住在谬误的隔壁。

很多时候，真理就在转弯处等着我们。当我们为了寻找真理而筋疲力竭时，千万不要轻易地放弃，更不要掉头回去。也许只需要再朝前走几步，我们就能看到真理的身影。就像寓言中的人，在第三次怀着绝望敲响谬误的门时，却与真理不期而遇。每一个等待黎明的人都要有足够的耐心，而不要在黎明到来前最深的黑暗里选择放弃。也许只需要坚持到下一分钟，初升的太阳就会照耀到我们的身上呢！

◀ **思维觉醒** ▶

在哥白尼提出日心说之前，西方国家在长达千年的时间里始终以"地心说"为真理，即认为地球是宇宙的中心。这样的说法与宗教的观点不谋而合，因而被宗教视为天条，以此统治和控制人们的思想。直到哥白尼提出日心说，在谬误中寻找到了真理。每个人都应该致力于寻找事

> 物中的矛盾，这样才能启迪思想，坚持思想，拨开谬误的假象，洞察真理的真相。

偶然之中蕴藏着必然

宇宙间的万事万物都有着自身的规律，每一件事情的发生都是有因才有果的。这意味着一切看似奇怪的现象背后，都可以探究到原因；一切看似寻常和普通的事情背后，都有自身的规律可以依照和遵循。

在很多看似偶然的事件里，其实蕴含着必然。只要我们用心地捕捉蛛丝马迹，只要我们能够抓住丝丝缕缕的线索进行探究，就会发现其必然性。科学家之所以具有敏锐的洞察力，能够看到常人看不到的各种规律，就是因为他们有着寻根究底的精神，也始终坚持以创新的方式改变世界。在现实生活中，很多独具匠心的发明，都是起源于偶然，产生于偶然的。

有一天，吉麦太太花费了很长时间，才把家里的脏衣服洗干净。其中，洗丈夫的白衬衫花费的时间最多，因为白衬衫很容易脏，而且不容易洗干净。吉麦太太轻轻地拍着自己酸痛的腰，缓解片刻之后，才把洗干净的衣服晾晒在阳台的衣架上。这个时候，吉麦先生正在阳台上作画，他没有发现吉麦太太正在晒衣服，无意识地挥动着画笔，结果，画笔上的蓝色颜料弄脏了吉麦太太好不容易才洗干净的白衬衫。吉麦太太恼火不已，接连抱怨，却只得无奈地再次清洗白衬衫。她在沾染颜料的地方涂抹了好几次洗衣液，使劲地揉搓，甚至用刷子刷洗，但是都无法把颜料洗干净。无奈之下，她只好开始晾晒留有淡蓝色印记的白衬衫。

傍晚时分，衣服都晾干了，在收拾衣物的时候，吉麦太太惊喜地发现，白衬衫上的印记不见了，而且颜色变得更加洁白鲜亮了。这是为什么呢？吉麦太太百思不得其解，把这个发现告诉了吉麦先生。吉麦先生认真检查了白衬衫，发现沾染蓝色颜料的地方的确更白了，他也感到很疑惑。为了验证自己的猜想，次日，他特意在白衬衫上沾染蓝色颜料，然后进行清洗。结果，留有淡蓝色印记的白衬衫真的变得更加雪白鲜亮了。他接连几天都进行了这样的实验，结果都是一样的。他如同发现新大陆一样，放下画笔，开始深入研究这种现象出现的原因。

在经过一段时间的研究之后，吉麦先生发明了一种特殊的药物，可以把衣物变得更加白。其实，他所说的新药物就是那种蓝色的颜料，他告诉人们要把少量的新药物放入洗衣盆里进行溶解，然后用于洗涤白色衣物。出乎他的意料，人们在抱着尝试的心理初次购买这种神奇的药物后，就开始反复购买这种神奇的药物。每一个使用过这种新药物的人，都为吉麦先生的增白剂而啧啧赞叹。他们哪里知道，这种能够使洗涤物变得更加洁白的"神奇药物"，就是蓝色颜料加入水之后混合搅拌而成的呢。因为如此，吉麦先生赚取了很多钱，吉麦太太始终感到难以置信，他们居然就这么发财了。

如果吉麦太太很粗心，在吉麦先生不小心把蓝色颜料沾染到白色衬衫上，而且无论怎样都洗不干净白色衬衫之后，就选择把白色衬衫丢掉，那么她就不会发现蓝色颜料的神奇效果。如果吉麦先生没有那么强烈的好奇心和寻根究底的研究精神，也没有第一时间就持续地进行实验，那么他就不会发明漂白剂这种产品，也无法因为这个新发明而赚钱。虽然吉麦夫妇发明漂白剂是出于偶然，但是却带着一定的必然性。其实，不管他们是否有这样的发现，蓝色的颜料在混合了水之后都能起到增白效果，只是如果不能被吉麦夫妇及时发现，这个现象就要晚很久才会浮出水面，造福于人们的生活。

和吉麦夫妇一样，加拿大的麦格纳也从偶然中发现了必然，发明了新的产品。当然，他也是非常善于观察的，而且具有强烈的好奇心和寻根究底的精神。

作为一家公司的普通职员，麦格纳经常需要复印一些重要的文件和资料。一天，他急急忙忙地复印一份重要文件，却因为手忙脚乱地打翻了桌子上的一个瓶子。这个瓶子里装满了某种液体，当时就把一部分文件浸湿了。麦格纳很担心，因为他怕文件上的字迹因此变得模糊。他当即就拿起文件看了起来，让他感到惊喜的是，液体虽然浸染了一部分文件，但是文件上的字迹非常清晰，丝毫没有变得模糊。这使麦格纳如释重负，他继续复印文件。

在复印的过程中，又发生了一件让麦格纳感到震惊的事情。原来，那些被液体浸染依然非常清晰的文字的复印件却是一团漆黑，根本分辨不出来字的模样。看到无法利用被浸染的文件复印出复印件，麦格纳非常担忧。他想了各种办法，反复尝试，但是复印件都是一团漆黑，根本无法用。正在一筹莫展之际，麦格纳的脑海中冒出了一个想法："文件因为被液体浸染，所以复印成了一团漆黑"，那么如果把这种液体用来防止文件被盗印，是否会起到良好的效果呢？原来，自从复印机问世之后，很多公司都因为文件被盗印而苦恼不已，也因此蒙受了巨大的损失。如果能以浸染液体的方式，让文件保持清晰的字迹，却又不能被复印带走，岂不是很好的措施吗？在产生了这样的想法之后，麦格纳的心情如同坐上了过山车，从文件被浸染的担忧，到发现文件字迹依然清晰的欣喜，到发现文件无法被复印的沮丧，再到产生这种想法的亢奋。

麦格纳是一个极具行动力的人。他当即开始了研究，最终成功研制出了可以预防盗印的防影印纸，一经推出，就被抢购一空。这彻底改变了麦格纳的命运，他不再是公司里名不见经传的小职员，成了制卖防影印纸的企业家。

对于复印过程中的这种偶发事件，很多人在最初的沮丧之后也许就会主动向上司汇报自己犯了错误，求得上司的原谅。但是，麦格纳却能由此联想到文件的保密工作，因而发明了防影印纸。不得不说，他正是因为认真细致的观察和寻根究底的好奇心，才能抓住这样千载难逢的好机会，进行发明和创新，也彻底改变了自己的人生轨迹。

◀ 思维觉醒 ▶

现实生活中，每一种事物都以显现或者隐含的方式拥有自身的规律，在看似偶然的事件中，一定蕴含着必然的规律。这就要求我们不要随随便便地就放过那些偶

> 然现象，而是要多多观察，用心思考，这样才能拥有更
> 多的收获。

即使心怀不满，也要按时启程

现代社会中，很多人心中都怀有怨气，又在旷日持久的抱怨中渐渐地心理扭曲，产生了戾气。近年来，有些人因为在某些方面受到了不公正的对待，就选择危害社会，危害公共安全。有人在人流量密集的地方驾驶汽车横冲直撞，有食品从业者因为嫉妒同行业者生意好就在对方生产的食品里投毒，还有大学生因为嫉妒同学比自己优秀或者因为与同学之间有矛盾就对同学投毒……这些极端的行为都给社会造成了恶劣的影响，也严重危害了他人的生命安全和身体健康，同时埋葬了这些极端行为者的人生。

常言道，人生不如意十之八九。这句话告诉我们，没有任何人能够真正做到万事如意，不管面对什么事情都能从容应对，都能实现自己想要的结果。毕竟我们只是凡人，而不是无所不能的神仙，毕竟我们生存的是人世间，而不是虚幻的天堂。面对人生的诸多不如意，面对内心的各种不满，我们要知

道，不择手段地发泄情绪并不能从根本上解决问题，最好的做法是采取有效的措施积极地改变现状，寻求解决的方法，也在努力的过程中抓住各种契机。人们常说，越努力，越幸运。这是因为努力的人始终在尝试突围，所以才能找到生机和活力，而不努力的人选择了被动地接受命运的安排，这只会导致一切变得更加糟糕。

人生，说长也长，说短也短。如果我们把宝贵的生命时光都用于抱怨，那么我们对于人生必然越来越失望。不要徒劳地羡慕他人为何拥有好运气，为何一出生就拥有更好的起点。要相信命运总是公平的，它在给我们关闭一扇门的同时，也会为我们打开一扇窗。既然如此，我们就要透过这扇窗户欣赏一年四季的美景，也要透过窗户看一看美丽的星空。

一直以来，霍华德·海德都特别喜欢从事各项运动，尤其钟爱滑雪。但是，他却很少滑雪，这是因为他每次滑雪都用不好滑板，所以频繁地摔跤。在有一次摔得鼻青脸肿之后，他忍不住抱怨道：这可恶的滑雪板，为何要这么长，又这么笨重呢！害得我摔了多少次跤，每次都摔得鼻青脸肿，惨不忍睹。我发誓，我再也不要滑雪了。这么想着，他丢掉了不合心意的滑雪板，启程回家。

在回家的路上，霍华德·海德想来想去都觉得心有不甘：我这么喜欢滑雪，为何要放弃滑雪呢？我能做好那么多运动，难道就要止步滑雪场了吗？这么想着，霍华德·海德突发奇想：既然我已经知道是因为滑板太长太笨重才导致我频繁摔倒的，我为何要与自己过不去，而不与滑雪板过不去呢？我可以改变滑雪板啊！说不定，经过我精心改造的滑雪板，还能热卖呢！

从此之后，霍华德·海德潜心于研究滑雪板，不惜耗费了几年的时间对滑雪板进行了改造。果然如同他所预想的那样，和又长又笨重的老式滑雪板相比，新式滑雪板不但变短了，而且变得灵巧，更容易操控，所以使用新式滑雪板滑雪简直就像是在飞翔。他不但成了一名滑雪高手，而且转让了自己的滑雪板专利，最重要的是，他还在不久之后成立了属于自己的海德滑雪板公司。

从霍华德·海德的亲身经历上，我们可以验证即使心怀不满，也要按时启程的重要性。这是因为抱怨从来不能解决任何问题，只有积极地想办法寻求突破口，才能让问题得以彻底解决，说不定还能由此发现自己的人生奇迹，扭转自己的人生轨迹呢！

> 深度思维

　　在庞大的狮王牙刷集团里，加藤信三只是一名普通的员工。一天清晨醒来，他和往常一样急急忙忙地洗漱。眼看着就要迟到了，他加快速度刷牙，却一不小心又把自己的牙龈刷出血了。加藤信三感到十分恼火，因为这种情况已经不是第一次发生了，他每次都特别生气，恨不得当即扔掉牙刷。但是，他转念一想，哪一个职场人士不像他一样每天早晨匆忙洗漱呢，真不知道他们又要多少次在刷牙时把牙龈刺得出血呢。

　　加藤信三当即决定要彻底解决这个问题。在此后的很长一段时间里，他不管是吃饭还是睡觉，都在思考和琢磨这个问题。期间，他尝试着换了软毛牙刷，但是发现软毛牙刷太软，清洁效果远远不如硬毛牙刷。他也曾经在刷牙之前把硬毛牙刷的刷头浸泡在热水里，又在使用的时候挤上双倍的牙膏以起到润滑的作用，但是这么做耗时耗力，却收效甚微。直到有一天，他茅塞顿开，想到牙龈出血也许是因为刷毛的形状。如果刷毛很坚硬，而且顶端尖锐，那么当然会导致牙龈出血。如果把刷毛顶端设计成圆形的呢？即使硬度不改变，应该也不会那么容易刺破牙龈了。加藤信三如同发现新大陆一样火速冲到设计部，把自己的想法和负责设计的同事进行了沟通，很快就生产出了新型的圆头牙刷。果不其然，新型牙刷完美地解决了牙龈出血的问题，而且一经问世就长盛不衰，销量激增。

因为没有止步于抱怨，加藤信三在解决自身牙龈出血问题的同时，也为公司创造了巨大利润，并且由此使得自己的职业生涯一路高歌猛进，从小职员到科长再到董事。仅从表面看来，加藤信三非常幸运，但是他的幸运绝非从天而降，而是因为他在感到不满之后积极地解决问题。

◀ **思维觉醒** ▶

无论对人生感到多么不满意，我们都不应该停止前进。正如人们常说的，人生如同逆水行舟，不进则退。如果我们因为小小的坎坷和挫折，就停留在原地，那么我们永远也不可能有进步。很多情况下，危机就是转机，绝境也蕴含着希望，唯有坚持到底不放弃，我们才能山穷水复疑无路，柳暗花明又一村。

换一个角度，世界就会改变

在生命的历程中，既有喜出望外，也有祸从天降，使人毫无防备。也许前一刻人生还是天堂，后一刻人生就会变成地狱，这就是生命的无常。面对突如其来的灾难，每个人必然受到沉重的打击，但是，在缓过神来之后，是坚强地面对，还是怯懦地逃避，将会决定我们如何走好未来的人生之路。其实，人生不会永远顺遂如意，有的时候是鲜花着锦、烈火烹油，有的时候是凄凄惨惨、冷冷清清。最重要的在于，我们要以怎样的角度看待这个世界，又要以怎样的态度面对这个世界。

著名作家海伦，创作了《假如给我三天光明》，享誉世界。她在刚刚出生的时候是一个白嫩可爱的婴儿，却在19个月时因为一场猩红热而高烧不退，等到从死亡线上挣扎过来时，她不但丧失了听力，也丧失了视力，从一个健康的孩子变成了一个重度残疾的孩子。年幼的她并没有意识到这一切变故，随着不断成长，才发现自己与其他孩子是不同的。这让她很难接受。为了开启海伦心灵的眼睛，父亲为她请来了莎莉文老师。从此之后，莎莉文老师就是海伦的眼睛，她教会海伦听，也教会海伦读，还教会海伦说。在莎莉文老师的陪伴下，坚强的海伦不但完成了学业，还考上了大学，读完了大学课程。她以自己的亲身经历告诉全世界所有的年轻人，要与命运抗争，绝不要对命运缴械投降。海伦曾经说过，如果不是那一场致命的疾病，她也许只是一个普通的女孩，拥有普通的人生。这是苦难之中开出的人生之花，而海伦则是坚强的代名词。

第六章 在思辨的世界中，改变是唯一不变的

面对人生的变故，抱怨和不解是必然的反应，但却不是唯一的选择。在接受了现状之后，与其继续沉溺于自怨自怜之中，不如振奋精神，勇敢面对。因为面对这样的挑战，一旦放弃，就是彻底失败。反之，只要我们不放弃，就总还能够尝试，也有可能迎来转机。对待人生的各种机遇，我们都要采取辩证思维，既从中看到磨难，也从中看到希望。我们可以把各种糟糕的境遇比喻成一个酸涩的柠檬，很少有人愿意吃柠檬，就是因为不能接受柠檬又酸又涩的味道。但是，如果把柠檬做成柠檬水，那么就会变得甘甜可口。其实，命运恰如柠檬，也是可以转化的，转化的关键就在于我们的心态。

在美国佛罗里达州，有一位倒霉的农民。他穷尽大半生的积蓄，为自己购买了一片农场，原本他把所有的希望都寄托在这片农场上，希望自己从此之后过上逍遥的农场主生活，却在真正买下农场之后才发现自己上当受骗了，原来那片农场的土地尽管广袤，却很贫瘠，不适合任何农作物生长，只能生长白杨树。这样恶劣的环境，使得这片农场成为了响尾蛇的乐园。这位农民因此而抱怨连天，颓废沮丧，甚至一度认为自己的人生就这样完了，因为自己再也没有能力攒钱购买真正的农场了。但是，他没有彻底放弃这片农场。

> 深度思维

在经过深思熟虑之后,他决定因地制宜,开始成规模地喂养响尾蛇。响尾蛇虽然毒性极强,但是肉质鲜美。他不但可以出售响尾蛇的毒液,还可以把响尾蛇的肉制作成味道鲜美的罐头,销往全国。与此同时,他还在农场里种植了不同种类的白杨树,形成了壮观的白杨树林。后来,他更是开展旅游业,吸引很多游客来到农场里,欣赏白杨树林,也近距离地观察响尾蛇。他从这一系列的举措中尝到了甜头,后来又投入很多资金发展不同的业务,最终,他不但把农场经营得风生水起,还在农场周围形成了一片开发区。如今,这个地方成为了著名的佛州响尾蛇村,这都是他的功劳。

如果说面对命运的捉弄,大多数人拥有的是一个酸涩的柠檬,那么这个倒霉的农民则是花费毕生积蓄购买了一个有毒的柠檬。即使面对有毒的柠檬,他在沉沦绝望之后,还是重新点燃了心中的希望,然后在希望的指引下坚持努力改变现状。我们一定要向这个农民学习,看到所有东西存在即合理,存在即有存在的价值,从而根据这些东西的特性深入挖掘它们的价值,实现它们的价值。

第六章 在思辨的世界中，改变是唯一不变的

◀ 思维觉醒 ▶

作为著名的心理学家，阿佛瑞德·安德尔一生之中都在研究人。他最终得出的结论是，人具有特殊的能力，能够在压力之下把负能量转化为正能量，正因如此，人们才能创造奇迹。贝多芬在耳聋之后依然创造了举世闻名的乐曲，司马迁在遭受可怕的刑罚之后依然完成了《史记》，邱少云在熊熊烈火中献身人民事业……这就是生命永不屈服的力量。每个人都要学会辩证思维，才能及时地转换自己的角色，实现自身的价值，创造生命的意义。

塞翁失马，焉知祸福

很久以前，有一个老翁住在靠近边塞的地方，以养马为生。在当时，马匹是一笔很重要的财富，很多普通的人家里根本没有马匹，只有富贵人家或者是军队里才有马匹。因而，老翁靠着养马，虽然地处边塞，气候恶劣，却过着很好的生活。

有一天，老翁清晨起来查看马圈，却发现少了一匹马。原来，这匹马趁着夜深人静挣脱缰绳跑了。老翁四处寻找，也没有找到马的踪迹，只看到马的蹄印朝着深山老林去了，他由

> 深度思维

此推断马一定去了胡人居住的地方,再也找不回来了。听说老翁丢了马,邻居们纷纷安慰老翁。正当邻居们都为老翁丢了一匹马而惋惜时,老翁却说:"马丢了,也许是灾祸,也许是福气,这可说不准。"听到老翁的话,邻居们议论纷纷,都以为老翁因为心疼马糊涂了呢!

一段时间之后,老翁丢失的那匹马突然回来了,它可不是独自回来了,而是带着一匹胡人的高头大马回来的。得知老翁平白无故地多了一匹马,邻居们又都前来祝贺。不想,老翁面色平静,非但不觉得惊喜,反而有些担忧地说:"天上掉下来一匹马,谁能说这不是灾祸呢!"邻居们全都掩嘴窃笑,认为老翁老了,就喜欢故弄玄虚,面对这样天上掉馅饼的好事情,也能和灾祸扯到一起。

老翁有一个独生子,因为父亲以养马为生,所以儿子从小就喜欢骑马。老翁严令禁止儿子骑胡人的马,儿子蠢蠢欲动。有一天,趁着老翁不在家,儿子偷偷地骑着胡人的马去集市上,马受了惊吓脱缰狂奔,儿子从马背上掉下来摔断了腿,从此之后成了瘸子。邻居们听闻这个消息,都来安慰老翁,老翁却说:"这也许是好事呢!"邻居们只道老翁心疼儿子,心智迷乱了,居然说儿子摔断了腿是好事。

转眼之间,一年过去,胡人大举入侵边境。整个村子里,所有的青壮年都应征入伍，奔赴战场，与胡人厮杀，非死即伤。在这个边塞的村落里，大多数男人都死在了战争中，连尸骨都找不到。但是，老翁的独生子因为瘸腿，不符合入伍的条件，得以和年迈的老翁留在家里，安度余生。

人人都听说过塞翁失马的故事，是因为这个故事体现出辩证思想，也引导我们理性地看待得失。很多情况下，得失都是可以互相转化的，得到就是失去，失去就是得到，好事有可能转变为坏事，坏事也有可能转变为好事。不到最后关头，谁也说不准事情的最终结果是什么，因为事情总是处于不断的变化之中。

在生活中，随时随地可见辩证法，因此我们要学会运用辩证思维，来分析和看待各种问题。当把辩证思维用于好事，我们就能看到好事坏的一面；当把辩证思维用于坏事，我们就能看到坏事好的一面。对于自身而言，我们要在合适的环境中才能发挥出自身的优势，一旦环境改变，优势就有可能变成劣势，限制和禁锢我们的发展，成为我们前进道路上的绊脚石。

很久以前，有个商人在外面赚了钱，连夜赶回家里，却在穿越幽暗的树林时，遇到了强盗。强盗不断地追赶商人，直到把商人逼进一个山洞里，才如愿以偿地抢走了商人所有的钱，还抢走了商人唯一的火把。山洞里一片漆黑，没有了火把照明，商人简直是死路一条。商人伤心极了，绝望地哭泣。等到哭累了，静下来想一想，他决定不能坐以待毙，要积极地求生。为此，商人擦干眼泪，摸索着前行。他在一片漆黑中不知道摔了多少跤，还常常撞在岩壁上，撞得鼻青脸肿。但是，只要还有一口气在，他就不会停下脚步。不知道走了多久，商人饥肠辘辘，浑身连一丝力气都没有。就在此时，他看到有一个方向透过来微弱的光线，他的内心马上燃烧起希望。他朝着光亮处缓慢地挪动，在一头栽倒在地上的时候，终于隐隐约约地看见了洞口。商人在地上爬着，很快来到了洞口，重见天日。

强盗呢？虽然抢了商人的火把，但是正是因为有了火把，他无法发现洞口投进来的微光，反而走到了山洞的更深处，死在了那里。

没有火把的商人在黑暗中摸索中前行，反而找到了洞口；高举火把的强盗虽然能够看清楚眼前，却看不见洞口的方向，最终死在了山洞里。这就是事物的两面性。我们要从这个故事中得到启发，越是身处绝境，越是看到希望的微光，不放弃努力。相信我们只要足够坚持，就一定能够摆脱眼前的困境，重获生机。

> ◀ **思维觉醒** ▶
>
> 在这个世界上，没有任何际遇是绝对好的，也没有任何际遇是绝对坏的，这就是辩证思想的真谛。每个人都追求完美，认为只有实现了完美才能获得真正的幸福和圆满，其实这是对于生命的误解。生命本身就是不完美的，生命也恰恰因为不完美才变得完美。

第七章

合作时代没有永远的敌人，只有永远的利益

人们常说，出门在外，多个朋友多条路，多个敌人多堵墙。的确如此，有朋友相助的人生如同开挂，被敌人阻截的人生则处处都有可能遭遇埋伏，还有可能陷入绝境。尤其是在现代社会，一个人仅凭借自己的力量很难做好每一件事情，要想拥有成功的人生，就必须学会合作，学会凝聚大家的力量。在合作时代，哪怕是敌人，也会因为共同的利益而转化为朋友。

深度思维

独木难成林

很多人都喜欢去海边玩，这是因为赤着脚走在沙滩上可以放松我们的身体，治愈我们的心灵。此外，在海滩上捉小鱼，捉螃蟹，更是可以给我们带来很多乐趣。经常和螃蟹打交道的人就会发现，螃蟹和鱼不一样，鱼离开了水就不能活了，但是螃蟹离开了水，还可以生存一段时间。虽然如此，螃蟹也不能长时间在陆地上生存，否则就会因为干涸而死去。最搞笑的是，很多螃蟹一旦来到陆地上，就会展开自救，那就是吐泡泡。螃蟹正是以吐泡泡的方式试图使自己保持湿润的，不过，一只螃蟹的力量是有限的，很难真正地弄湿自己。如果很多螃蟹在一起吐泡泡，那么凭着"蟹多力量大"的效应，就可以营造一个含有水分的空间，成功地把自己和小伙伴们都弄湿，从而延长生存的时间。抱团取暖的人类也一样，这些人营造了合作共赢的氛围，也的确会因此而彼此受益。

俗话说，一根筷子被折断，十根筷子抱成团。既然连螃蟹都懂得合作的道理，那么我们作为更智慧的生命，自然也不能继续坚持唯我独尊的方式。一个人即使能力再强，也不可能仅靠着自己的力量就获得成功。尤其是在现代社会，各行各业中的分工越来越明确，也越来越精细，所以合作共赢已经成为每个人的不二选择。我们应该形成合作共赢的思维模式，这样在面对生活中各种各样的问题时，才会积极地寻求援助，也才会主动地对他人伸出援手。

然而，很多现代人已经习惯于关起门来过日子的生活模式，尤其是在现代化大都市中，很多年轻人都忙于工作，每天拖着疲惫的身体回到家里只想休息，而没有心思、时间和精力与邻居相处。这使邻居互不相识的现象屡见不鲜。

人是群居动物，每个人都需要在人群中生活，这是人的本性决定的。除了因为面对危机而自发地抱团取暖之外，在现代社会中，更多的人开启了理性合作的模式，也渐渐地形成了共赢思维。对于现代人而言，要想更好地生存，共赢思维是必不可少的一种生存思维模式。

所谓共赢思维，是以互相尊重、互惠互利的原则为基础构建的思考框架，共赢思维的目的不是开展敌对式的竞争，而是为了获取更多的财富，获得更多的资源，也通过分享获得更多的机会。正所谓独木难成林，每个人都要形成大格局，以开放的心态包容他人，接纳他人，以共赢的方式与他人进行合作。

不管是在家庭生活中,还是在职场中,都要采取共赢思维解决问题,才能通观全局,顾全大局。也只有以共赢思维为主旨,才能真正实现你好、我好、大家好的皆大欢喜的局面。

在商业领域中,更是应该坚持共赢思维。曾经,很多企业都想垄断市场,从而赚取大量利润。不得不说,这是鼠目寸光的表现。在同一个行业里,同行未必是冤家,即使竞争,也要采取良性竞争的模式,共同合作,以开放包容的态度共同构建更大的行业蛋糕,而非必须与同行争个你死我活。

> ◀ **思维觉醒** ▶
>
> 不管是做人还是做事,我们都要坚持共赢思想。从个人角度来说,这样可以得到更多的助力,实现自己的梦想;从群体的角度来说,这样才能谋求长远的发展,让未来更值得期待!

帮助他人,就是帮助自己

有人说,每个人眼中看到的世界,其实是他内心的反射,即一个人心中有什么,眼中就会看到什么。其实,不仅如此,生命也像是回声,我们送出去什么,生命就会回应我们什么;

我们播种什么，生命就会回赠我们什么。在人际交往中，也有人说，一个人要想得到他人的尊重，首先要尊重他人。同样的道理，一个人要想成为他人的朋友，首先要把他人当成自己的朋友。这就是生命的神奇定律，种瓜得瓜，种豆得豆，心中有什么，生命就呈现什么。

从这个意义上来说，我们要想得到他人的帮助，首先要帮助他人。所谓赠人玫瑰，手有余香，哪怕我们不会当即得到他人的回报，也会因此而给他人留下好印象，在他人心中种下爱的种子，使爱在生命之间生生不息地流转。所谓推己及人，就是如此。想想看，如果我们此刻正在经受磨难，如果我们此刻正急需得到帮助，我们又会怎么想呢？当我们看清楚自己的内心，也就不会再对他人的所思所想和所感感到陌生。

古人云，老吾老以及人之老，幼吾幼以及人之幼，其实也是这个道理。很多人本着明哲保身的原则，只关心自己，凡事都从自身的角度出发考虑问题，而不在乎他人的感受和需求。渐渐地，这样的人一定会变成孤家寡人，因为没有人喜欢与如此自私的人打交道。仅从表面看来，每个人都是独立的生命个体，其实，在这个世界上，所有人都有着千丝万缕的联系，一个人的悲欢喜乐也往往会影响其他人，尤其是影响他身边的那些人。

我们要心中有大爱。小爱，指的是爱自己，爱家人，爱身边的亲人和朋友,却不愿意对陌生人伸出援手。大爱,指的是爱整个世界。对于其他国家的人民正在饱经战火的摧残,我们会心中凄然;对于与我们相距遥远的陌生人生存艰难,我们愿意贡献自己的微薄之力。这就是大爱的表现。

最近几天,网络上流传着一个视频。一个三岁的女童爬到了六楼的窗户上,有坠落的风险,路过的一个男性和一个女性,全都奋不顾身地徒手接孩子。他们伸直的双臂和灼热的怀抱,给了女孩生的希望。与此同时,他们丝毫没有想到自己有可能受到严重的伤害,致残,甚至是丢掉性命。从高空坠落的东西具有很强大的力量,一个小小的鸡蛋只要从足够高的地方落下,都能要人性命,更何况是几十斤的孩子呢?由此可见,他们冒着多么大的风险。幸运的是,女孩在掉落的过程中被低楼层的防雨棚遮挡了一下,减慢了速度,这样那位男性才能接住孩子。如今,孩子在医院里渐渐康复,伤势并不严重,这是多么大的幸运啊。这就是大爱,让人在面对陌生人生死攸关的关键时刻,也能不假思索地奋不顾身,挺身而出。正是因为有这样的人存在,这个社会才会充满爱,才会更加温暖。

在共赢思维中,帮助他人,就是帮助自己。这是因为当我们帮助了他人,他人也会在我们需要的时候帮助我们;当我们体察和感受他人的情绪,他人也会对我们产生共情;当我们愿意为他人付出，他人也就愿意为我们付出。从更为广泛的角度来说，我们付出的每一分爱都会在社会中流转，也许不会当即回馈给我们，却会提升社会的温度，点燃人们内心爱的火种。

寒冷的冬天到来了，年轻人哈默和朋友一起开始了漫长的冬季旅行。他们走过了很多地方，来到了位于美国南加州的沃尔逊小镇。在这个小镇里，有很多人都特别善良友好，这使哈默和朋友迟迟不愿意离开。哈默最喜欢镇长杰克逊，并受其影响改变了自己的人生。

在一个阴雨天气里，镇长家花园两侧的道路一片泥泞。为了不让泥水弄脏自己的鞋子，弄脏自己的裤脚，来拜访镇长的人不约而同地选择横穿花园。原本，花园里的泥土也被雨水浸泡得很松软了，所以顷刻之间，原本干净整洁的花园就被踩踏得满目狼藉。看到这样的情形，哈默忍不住感到痛惜，也在心里默默地抱怨和责怪那些人。为了避免大家继续践踏花园，哈默撑着一把伞，站在大雨中，守护着花园，让每一个前来拜访镇长的人都从泥水里踩过去。正在这时，已经出去了一阵子的镇长推着一车小石子回来了。他不顾自己满身的泥水，把小石子铺在了泥水路上。转眼之间，泥水里变得干净清爽，因为雨水都顺着小石子的缝隙流到泥土里了。就这样，大家都踩着小石子穿行，镇长笑着对哈默说："哈默，看看吧，与人方便，就是与己方便。"哈默牢记着镇长的这句话，并且把这句话作为自己的人生箴言，时时处处坚持践行。正是因为如此，哈默才能成为美国的石油大王。

在各种各样的关系中，我们只需要付出些许的理解和宽容，就能获得丰厚的回报，所以我们要始终牢记与人方便就是与己方便的道理，不要时时处处与他人过不去，更不要故意刁难他人。当我们给他人提供更多的方便时，也就为自己铺就了一条康庄大道。

◀ **思维觉醒** ▶

在每个人的心中，都有一座美丽的花园。如果不想在暴风雨来临之际，让他人把自己的花园踩踏得面目全非，那么我们就要提前在花园的旁边铺好一条干净清爽的小路。古今中外，所有的成功者都有属于自己的成功道路，他们的一个重要共同点在于，他们心中都有双赢的格局，也真正做到了助人助己。要想做到这一点，我们就要发自内心地热爱和关心他人，也心甘情愿地为他人付出，帮助他人渡过难关。

优势互补，力量倍增

世界处于日新月异的变化之中，每个人、每件事情时刻都在变化着，人们的生存方式和思想观念更是千变万化。然而，唯一不变的是，社会竞争越来越激烈，每个人要想更好地生存下来，在社会生活中为自己赢得一席之地，就必须采取优势互补的方式进行精诚合作，这样才能把自己像一滴水融入大海一样融入团队之中，使自己的力量成倍增长。不管是在生活中还是在工作中，随处可见优势互补的合作。从某种意义上来说，家庭的组建就是一种优势互补，大多数家庭中男人负责在外打拼，女人负责照顾家庭，一个主外，一个主内，就是各自发挥优势把家庭经营得更好。当然，随着现代社会的发展，更多的女性开始走出家庭，走入社会，承担着更重要的社会职责，在社会分工中扮演着重要角色。但现代社会的家庭生活中依然存在分工现象，因为女性把一部分精力投入工作，所以分工更加细致，例如女人负责买菜做饭，男人负责洗衣拖地，女人负责辅导孩子的作业，男人负责接送孩子等。但是，分工合作、优势互补的本质是没有改变的。

在职场上，优势互补的情况更加常见。一个人即使能力再强，也不可能做好所有的事情，每个人总有自己擅长的事情，也有自己不擅长的事情。在这种情况下，一味地扬长避短、取长补短是不行的。人在职场，要想把工作做好的，最好的方式就是与人合作，坚持共赢。就像一滴水总是很快被蒸发，一个人的力量也是有限的。唯有积极地融入团队之中，在团队中发挥自身的优势为团队贡献力量，也借助于他人的优势实现团队的最大成功，每个团队成员才能真正实现自身的价值和意义，以团队成功为前提实现自己的目标。

很久以前，有两个人在沙漠里走了很久，都没有走出沙漠。他们已经粮尽水绝，也已经几乎耗尽了精力。就在奄奄一息之际，他们终于听到了海浪的声音。他们欣喜若狂，迸发出身体中仅有的力量，朝着传来海浪声的方向奔去。在海水中浸润，使他们暂时恢复了生命的活力。然而，当他们筋疲力竭地躺在海滩上时，他们意识到死亡依然没有远离他们，因为他们既没有水喝，也没有食物可以吃。

正在他们感到绝望之际，看到不远处有一间小屋，屋内有干净的饮用水、一筐鲜鱼和一副钓具。如何分配屋内的物资呢？这两个人没有力气争辩，平均分配水源后，其中一个人选择了那筐鲜鱼，另一个人则选择了那副钓具。获得鲜鱼的人饿得难以忍受，马上就架起篝火，把鱼煮熟，然后狼吞虎咽地连鱼肉带鱼汤吃了个精光。然而，只是吃饱一顿饭并不能帮助他活下去，他很快又饿得前心贴后背，连呼救的力气都没有，几天之后就饿死在空空如也的鱼筐旁了。获得渔具的人呢？他拿着渔具艰难地走向海滩，却在钓上来鱼之前就用光了所有的力气，头昏眼花地栽倒在海里，淹死了。

不得不说，这两个人的悲剧是令人遗憾的。他们没有合作意识，也不懂得优势互补，所以才会把好不容易得到的救援机会白白地浪费了，最终都难逃死亡的厄运。换一个角度来想，如果他们愿意互相帮助，互相扶持，那么一定能够很好地活下去。面对一筐鲜鱼和一副渔具，他们最好的安排就是两个人每次只吃一条鱼，还可以喝一点点鱼汤，这样就能渐渐地恢复力气。然后，他们可以用吃掉的鲜鱼内脏作为钓饵，从海里钓鱼。哪怕一时之间不能顺利地钓上鱼来，他们也可以继续分享剩下的鲜鱼，只要本着节约的原则每次都只吃掉一条鲜鱼，他们还是能够坚持一段时间的。接下来，他们可以继续用鲜鱼的内脏钓鱼，最终一定能够钓上来鱼，生存下来。

这就是优势互补带来的切实好处，从了无生机到生机勃勃，还有无限的可能性。这两种截然不同的结局，最根本的区别就是互补。一个人如果善于优势互补，就能够以他人之长补自己之短，从而最大化利用有限的资源；一个人如果不善于互补，那么在面对很多难题的时候就会束手无措，甚至缴械投降，最终难逃失败的结局。

俗话说，尺有所短，寸有所长。在这个世界上，每个人都有自己的长处，也有自己的短处，都有自己的优势，也有自己的劣势。每个人都必须与他人进行优势互补，才能最大限度实现自己与他人的利益，也才能与他人互通有无，进行资源整合。商海如同战场，各种好机会千载难逢又转瞬即逝，如果不能以最快的速度投入其中，以最大的力量进行博弈，那么很难从中获利。在商海中，互补优势的情况极为常见，很多人都乐于以自身的优势与他人进行互补，也会在需要的时候寻求他人的帮助，从而合作共赢，共同进步。

◀ **思维觉醒** ▶

如今，很多人都意识到合作共赢、互补优势的重要性。不但个人与个人之间会彼此帮助，相互扶持，作为企业在招聘人才时也会考虑到不同人才的优势与劣势，统筹安排不同的人才，使企业实现人才的最优化配置。在商海中，各种形式的竞争归根结底都是人才的竞争，谁拥有最优化的人才资源，谁就能够打败竞争对手，屹立于不败之地。

管理的最高境界就是知人善任

在管理领域中,真正优秀的管理人才并不会事必躬亲,而是能够做到知人善任,调兵遣将,让合适的人做合适的事情,这样才能最大限度激发人才的潜能,让人才实现自身的价值,也为企业创造最大收益。作为管理者,就像是古代战场上骁勇善战、足智多谋的将领,既能领兵杀敌,也能运筹帷幄,决胜于千里之外。正因如此,才有人说,一个人如果能够得到他人的智慧,就足以与圣人相媲美;一个人如果能够得到他人的力气,就能够打败所有的敌人。

很多知名企业的管理者都非常重视人才,也把人才视为企业的第一资源。例如,作为通用汽车公司的总经理,斯隆曾经说过:"只要留下我的人才,哪怕夺走我所有的财产,我也只需要五年的时间就能东山再起。"这句话告诉我们,一个真正的强者是懂得借用他人力量的。从某种意义上来说,一个人哪怕自身并没有很强大的实力,只要知人善任,就能够成就伟业。

在三国鼎立的时期,不管是魏国的曹操,还是吴国的孙权,从某种意义上来说都比蜀国的刘备更加有才能,也有魄力。但是,他们唯一败于刘备之处,就是没有刘备知人善任。

尤其是曹操，才华横溢，聪明绝顶，却总是容易怀疑他人。这使他违背了"用人不疑，疑人不用"的原则。相比之下，刘备广纳天下人才，不但三顾茅庐请得诸葛亮出山，而且把诸葛亮奉为军师。此外，对于其他下属，刘备也各尽其长，使他们发挥自身所长，为蜀国效力。如果刘备生在今天，那么一定会成为优秀的管理者，一定能够调兵遣将，驰骋商海，而无往不胜。

小商人理查德·希尔斯是代客运送货物的，做的是小本买卖，利润微薄。随着生意的规模不断扩大，为了便于经营，他开了一家杂货店，专门从事邮购业务。具体来说，就是他以邮寄的方式发货，顾客则以邮件的方式订货。至此，查德做的依然是小本生意，因为投入的资金很少，所以他提供的商品也只有寥寥几种。在长达五年的时间里，他一直做着这样的小生意，每年的营业额只有三四万美元，利润就更是少得可怜。他意识到自己的步子迈得太小了，杂货店的发展太慢了，意识到自己必须与人合作，才能借助他人的力量，尽快地拓展生意的规模，赚取更多的利润。

巧合的是，就在他萌生出与人合作的想法之后，就有一个合伙人找上门来了。这天晚上，查德吃了晚饭，正在杂货店

第七章 合作时代没有永远的敌人，只有永远的利益

旁边的草地上散步呢，突然听到一阵马蹄声由远及近。他侧耳倾听，很快，一个人骑马来到了他的面前，向他打听去圣保罗的道路怎么走。查德很热心，看到天色已晚，而去圣保罗的路途还有很远呢，就邀请路人去自己的杂货店里暂住一晚。路人叫罗伯克，因为有点儿急事，所以才要去圣保罗。当天晚上，罗伯克就借宿在查德的杂货店里，他们一见如故，相谈甚欢。罗伯克当即决定给查德的杂货店投资，扩大经营，查德求之不得。很快，他们一拍即合，成立了一家公司，叫作希尔斯·罗伯克。经验丰富的查德，有了罗伯克的资金加持，如虎添翼，第一年，他们公司的营业额就高达40万美元。和查德独自经营杂货店相比，这个营业额增长了十几倍呢！

随着公司的不断发展，查德的那点儿经验渐渐不够用了，罗伯克又不懂得管理，所以他们决定聘请一位总经理，帮助他们管理公司。很快，卢德华加入了公司。卢德华很擅长经营和管理，在得到了查德和罗伯克的授权之后，他严格保证商品的质量，从而为通过邮购方式购买商品的客户解决了后顾之忧。不想，这招致了那些厂商的联合抵抗，他们拒绝继续供货给该公司。尽管处境艰难，但是查德和罗伯克都坚决支持卢德华，那些厂商担心失去了这个销售渠道，只好提供更加优质的商品给该公司。就这样，在十年之中，在卢德华的苦心经营下，该

公司的营业额高达数亿美元，增长了六百多倍。这个数字是惊人的，在这个数字背后，正是因为查德、罗伯克和卢德华都各司其职，各自发挥自己的优势和特长，一起为公司的发展添砖加瓦。当然，从根本上来说，从一家年营业额三四万的杂货铺，到年营业额40万的新公司，再到年营业额数亿美元的大公司，离不开罗伯克对查德的信任，更离不开罗伯克和查德对卢德华的绝对信任和委以重任。

在很多企业里，管理人员面对的最大问题就是用人问题，这是因为很多员工都特别挑剔，喜欢鸡蛋里挑骨头，最擅长苛责待人。此外，也有的人搞个人英雄主义，时时处处都想凸显自己，而不愿意与其他人进行合作。还有的人小肚鸡肠，最爱斤斤计较，只想赚便宜，而不想吃亏。如此一来，企业里的人整日为了那些不值一提的小事情而不停地争论，使管理者压根无法静下心来专注地从事管理工作。

其实，每个人都有自己的脾气秉性，在集体生活中，不同的人呈现出不同的个性，是完全正常的。作为管理者，不要只凭着自己的喜好去评价员工，而是要摆脱主观的局限性，以更加客观的角度认知员工，评价员工，这样才能真正做到知人善任，人尽其才。例如，让那些喜欢吹毛求疵的员工负责检查商品的质量，相信他们一定会拿着放大镜挑出不合格的商品；让锱铢必较的人去当会计，负责管理公司的财务工作，相信他们一定会把账目管理得清清楚楚，绝无疏漏和错误；让好胜心强的人去负责销售工作，最好对销售区域进行划分，这样销售人员之间就可以开展竞争；让八面玲珑、长袖善舞的人去开展公关工作，相信他们一定能够搞定客户，让客户下更多的订单。

> ◀ 思维觉醒 ▶
>
> 总而言之，一个萝卜一个坑，每个人都能找到属于自己的岗位，发挥自己的优势和特长，释放自己的能量和热情。

分享，让快乐加倍

分享，有着神奇的魔力。分享痛苦，痛苦就会减半；分享快乐，快乐就会翻倍。在孩子很小的时候，父母就教育他们要学会分享，把自己拥有的各种玩具和美食分享给其他小朋友，才能与其他小朋友建立友好的关系，获得陪伴的快乐。在这个方面，很多孩子都做得很好，不但乐于分享，而且还真诚友善地对待身边的人。然而，随着不断地成长，很多成人却忘记了分享的魔力，他们变得越来越自私，生怕自己吃亏，生怕自己赚不到便宜。尤其是在职场上，面对各种升职加薪或者学习深造的机会，很多人都削尖了脑袋想要获得更多的利益，却忘记了反思自身是否有资格得到这些好机会，也忘记了谦让，忘记了分享。

在成年人的世界里，到处都写满了艰难二字。但是即便如此，我们也不应该忘记分享。越是在艰难的处境里，我们越是需要得到他人的帮助和扶持，那么就要率先做到分享。这是因为我们想要得到他人怎样的对待，就要先怎样去对待他人。

大学毕业后，秋风进入一家出版社工作。他从小就喜欢写作，喜欢阅读，因而文字功底很强，才进入出版社没多长时间，就崭露头角，经常能够得到机会写稿，也常常被采用。后来，主编让秋风专门负责一个领域的图书，秋风精耕细作，才一年多的时间，就以该领域的代表书作获得了大奖。因此，他不但得到了奖杯，还得到了主编的大红包。秋风高兴极了，把奖杯摆放在自己办公桌上最显眼的地方，还用主编的大红包为自己购买了心仪已久的相机镜头。不过，秋风忽略了一件事情，他既没有感谢手下的员工们，也没有拿出奖金向大家表示感谢。

没过多久,秋风就感受到大家对他和以往有所不同。以前,大家都对秋风很真诚,也会全力以赴地完成秋风交代的工作;现在,大家都对秋风爱答不理,还常常会拒绝秋风交代的工作呢。秋风不知道这是怎么了,感到非常苦恼。直到有一天,一个同事和秋风发生了冲突,怒气冲冲地对秋风说:"你自我感觉也太好了吧,得了大奖是你的功劳,奖金也是给你一个人的,你凭什么要求我们都和你一样当拼命三郎?"秋风恍然大悟,这才意识到自己做得不够好。趁着发工资之际,秋风拿出一大笔钱请大家吃饭,在端起酒杯的那一刻,他真诚地感谢了大家,也表明未来不管得到怎样的奖励,荣耀和奖金都是大家的。大家这才释然,纷纷夸赞秋风年纪轻轻就才华横溢,注定是要以笔杆子为生的。

那么,秋风到底犯了什么错误呢?那就是吃独食。其实,在如今的职场上,任何人都不可能只凭着自己的力量,就能做出成绩,获得成功。这是一个讲究合作的时代,这是一个团结共赢的时代。职场上的分工越来越细致,对合作的要求也更高。除了按照公司的规章制度开展合作之外,也要考虑到人情世故。从公司的角度来说,秋风获得的奖项和奖金都是个人的，不与大家分享也无可厚非；从人情世故的角度来说，大家这样全心全意地帮助秋风，必然想得到秋风的认可和回馈。作为团队的一员，不管得到了奖项还是奖金，都要学会谦虚，都要把功劳分给大家，都要拿出奖金与大家一起庆祝。这样才能让大家心甘情愿地继续做绿叶，衬托红花。

一个人如果坚持合作共赢，就会以分享为快乐。他们会主动地贡献自己的资源，也会主动地呈现自己的快乐，当自己的资源为他人所用，当自己的快乐感染他人的内心时，他们自身就会感受到加倍的成就感，也会获得加倍的快乐。反之，如果一个人没有合作共赢的意识，处处都想占便宜，处处都想吃独食，那么日久天长，大家了解了他之后就会疏远他，他也就会成为孤家寡人，时常感受到孤独。

对于每个人而言，自己所有的资源都是有限的，很多情况下，我们未必能够充分利用自己的资源。那么，何不把自己的资源分享给更有需要的人呢？这么做即使不能当即得到回报，也会在对方心中种下分享的种子。相信有朝一日当我们有需要的时候，对方在力所能及的情况下也一定会帮助我们。

◀ **思维觉醒** ▶

在追求共赢的人心中，分享是一件快乐的事，让别人分享自己的资源、自己的快乐，自己也会变得更加富有和幸福。分享是互通有无，分享是共享资源，分享是增加快乐，分享是减少苦恼。唯有以分享为最佳途径，我们才能真正地实现合作共赢。

第八章

登高望远，
以大局观和长远目光解决问题

　　不管是做人还是做事，如果站在很低的地方，只看着眼前的方寸之地，是很难有大格局的。我们必须登高望远，才能站得高看得远；也必须心怀博大，才能形成大局观看待和解决问题。切身利益固然重要，但是长远发展更加重要；寻找切入点解决眼前的矛盾固然重要，能够统筹全局才有利于从根本上解决问题。

由点及面很重要

不管做什么事情,如果只着眼于当前的某个点去解决问题,那么就会犯鼠目寸光、一叶障目的错误,因为过于看重眼前的利益,因为看得太近,就无法得到长久的发展,更不可能获得长远的利益。从这个意义上来说,我们要形成整体思维,也就是系统思维。所谓系统思维,即以系统的眼光去看待和分析问题,在考虑问题时不拘泥于眼前的得失,而是能够多角度地分析问题,以发散性思维思考问题,以多元化的方式解决问题。

既然是系统,就不可能是一件事情的某个方面,也不可能是独立的某件事情,而是由很多部分组合而成的,这些部分彼此关联,互相作用,在千丝万缕的联系下形成了有机整体,具有特定的功能。所谓系统思维,就是综合已经获得的创造成果,最终形成新奇的效果,达到创造的目的。从这个意义上来说,发明创造不是从无到有的产生过程,而是一门综合艺术,能够对已知的一切进行整合,从而产生令人耳目一新的效果。

第八章 登高望远，以大局观和长远目光解决问题

古今中外，无数的科学家坚持进行发明创造，推动了人类文明不断地向前发展。其实，所有的科学家在坚持创造的过程中，都是以整体思维为基础的。在生活中，整体思维随处可见，也以各种方式发挥作用，例如单元组合、方法组合、功能组合、材料组合等。众所周知，徐悲鸿是大名鼎鼎的画家，创作了很多经典的画作。其实，徐悲鸿之所以画技高超，正是因为他把中国水墨画的技巧与西方油画的透视精髓整合了起来，从而创造出独具特色的画作。

在日常生活中，每个人都需要在衣食住行方面获得满足，才能更好地生存。仅以最常见的衣服为例，生产一件衣服可不是一个人就能完成的，而是要经过很多复杂的工序，例如有人负责种植棉花，有人负责纺织棉布，有人负责染色，有人负责剪裁，有人负责缝纫，有人负责运输，有人负责销售等。从种植棉花到穿上漂亮的衣服，期间要经过很多人之手。这就是整体思维。现代社会发展速度很快，在很多大城市里，四处都在建造高楼大厦，每一座高楼大厦都凝聚着无数人的心血，要从深山里开采石头，要制造水泥、钢筋等建材，要有混凝土，要有建筑工人堆砌一砖一瓦，后期还要进行装修，例如安装水电、粉刷墙壁、安装门窗等。若干人要花费几年的时间才能建造好一座大厦，再到把大厦投入商业运营中，则更是需要无

数人的努力和付出。可以说，每一个现代人都不可能离群索居，自给自足地生活，都必须依赖于无数其他人提供的各种生活物资，与此同时也作为社会的一分子为其他人提供各种生存的便利，才能使整个社会保持正常运转，也才能在社会中生存下来。

如果突然之间想到我们日常从事的每一项简单活动，得到的每一种简单满足，都是无数人的辛苦劳作和付出才换来的，我们未免会感到焦虑，生怕庞杂的社会机器一旦有某个地方出现了问题，整个机器就都会瘫痪，所有人都无法生存。其实，这样的担忧也是没有必要的。看待任何问题，既要有整体思维和全局意识，也要寻找切入点，由点及面，循序渐进地接纳和统观全局。

俗话说，胖子不是一口吃成的，罗马不是一天建成的。不管是多么艰巨的任务，都要靠着做好点点滴滴的工作，才能一步一个脚印地推进整个进程，直到最终获得圆满成功。迄今为止，古埃及的金字塔依然屹立不倒，中国的长城依然蜿蜒绵延。作为现代人，我们很难想象古人在那么简陋的条件下是如何修筑万里长城、金字塔的。但是对于当时的人们来说，虽然整个工程既浩大又艰难，但是只要循序渐进地做好每一步，就总有圆满结束的那一天。

◀ **思维觉醒** ▶

从本质上而言，系统思维是一种思维框架，帮助我们把"整体"看在眼睛里，也帮助我们把很多非单一且互相关联的事情纳入考虑的范畴中。正是因为具有系统思维，我们才能清楚看待事情的动态变化，而非只是关注事情在转瞬之间呈现出来的样子。这就使得我们能够制定相应的对策，来应对这些微妙的变化。当然，即使采取系统思维，我们也要关注其中的细节，任何事情都是有迹可循的，很多事情在没有真正发生之前，就已经露出了蛛丝马迹。所以我们既要坚持系统思维，也要坚持由点及面，这样才能点面结合，既从全局上把握整体情况，也从微妙处感受到事态的变化，从而未雨绸缪。

先关注整体，再关注细节

我们必须学会从全局着眼，整体把握事物，也及时掌控事情的发展情况，更要关注部分和整体之间的联系，才能提升从整体把握事物的能力和水平，真正学会运用系统思维。很多时候，大多数人都是顾此失彼的，越是在情况危急的时候，人们越是容易慌乱，也就会出现顾大不顾小或者顾小不顾大的情况。最理想的做法是，要先关注整体，保证事物发展的方向是正确的，再关注细节，保证事物的发展不会偏离预定的方向。如此双管齐下，才能真正做到把握事物，掌控事物。

相传，有一个君主因为一枚铁钉而失去了一个国家，这是为什么呢？没有铁钉，马掌就不够坚固；马掌不够坚固，战马就在冲锋的时候出现了意外；战马出现了意外，骑在战马背上的君主跌落战马；君主跌落战马，敌人俘虏了君主；看到君主被俘虏，全体将士军心涣散，溃不成军，最终一败涂地。由此可见，只关注整体，而不关注细节，同样会导致失败的结局。

这个典故告诉我们，整体很重要，细节也很重要，也形象地告诉我们整体与局部、系统与细节之间相互关联、休戚与共的关系。人们常说，牵一发而动全身，用这句话来形容整体与细节的关系再合适不过。在这个世界上，很多事物本身都是一个整体，都是一个系统，这意味着系统是普遍存在的，也是不容忽视的。与此同时，要想更好地把握整体，掌控系统，就必须关注细节，关注局部，才不至于出现纰漏。

每当夜幕降临，我们就可以以夜色作为背景，眺望浩瀚无边的宇宙。我们看到的银河系的光芒，或者是某一颗星星发出的光芒，很有可能是若干光年之前从遥远的地方传来的。对于我们而言，光速是非常快的，这是因为往往在我们的视线还没有追随过去的时候，光就已经抵达了远方。那么，可想而知若干光年是多么遥远的距离啊。作为人类，我们可以以地球的主宰而自居，但是其实我们是非常渺小的。在整个宇宙，不管是一个规模庞大的群体，还是一个非常微小的原子，都是渺小的存在，也都是整个宇宙不可或缺的组成部分。如此想来，我们又会感到悲哀，又会觉得骄傲。

当形成了系统的思维，我们在面对各种问题的时候，就会首先把一个问题看成是一个系统，然后从全局出发进行考量，分析问题，解决问题。如果我们只是着眼于当下，只看到问题的某个方面，那么就常常会犯头疼医头，脚疼医脚的错误。一直以来，有些人支持中医，有些人支持西医，并且为了证明到底是中医好还是西医好而争论不休。的确，中医把人体看成是一个系统，认为很多疾病的发生都远远不止症状表现出来的那么简单，因而在治疗的时候也以调理全身为主，这使得中医在治疗很多慢性疾病、全身疾病的时候效果显著。相比之下，西医则秉承精准的原则，对于病灶部位发力，或者是物理手术，或者是服用药物，又常常因为治疗一种疾病而对身体的其他部位造成危害。不过，西医也有西医的优势，那就是对于很多急症或者重症，能够在最短的时间内控制住病情，抢救人的性命。如今，很多人都已经认识到中医是国粹，西医也是不可少的医疗手段，还有医学大家提出了中西医结合的治疗理念，从而结合中西医的优点，最大限度帮助病患恢复健康。这些生活中的现象，都为我们证明了整体与局部之间密不可分的关系，也告诉了我们细节的重要性。

秋天到了，稻田里，金灿灿的稻浪翻涌着，沉甸甸的稻穗低低地垂着。然而，和这片金黄的稻浪格格不入的是，有一块水稻又瘦又小，看起来非常稀疏，也没有丰收的果实。这是为什么呢？原来，在当初耕种的时候，这块田地的主人挖了深达一尺的表层土壤卖给了砖厂，换了一些钱应急。正是因为没有土地表层的熟土，所以这片土地的有机质含量大大降低。春天，这块田地的麦苗就长势缓慢，到了夏季，每亩地才收了一百多斤麦子。原本，主人以为秋天栽种水稻之前多下基肥就能改善这种情况，却没想到根本于事无补，秋天，水稻依然是一副营养不良的样子，长势可怜。如今已经到了收获的季节，看着其他人家都高高兴兴地收麦子，主人沮丧极了。他垂头丧气地看着稀稀拉拉的稻田直叹气。后来，家里人都埋怨他不该贪图一时的钱财就毁掉了这片土地。还有人对他说："你呀，可真是目光短浅。你看吧，一年里，你夏天少收那么多麦子，秋天少收那么多稻子。即使你施足底肥，这块地也至少需要五年才能恢复元气。这五年间，庄稼减产的损失可比你卖土赚的钱多多了，而且，这还不算你施足底肥需要花的钱呢。"主人后悔莫及。

不管是做人还是做事，如果没有大局观，就会做这样涸泽而渔的事情。仅从表面看来，在短时间内缓解了经济压力，实际上日久天长的损失不可估量。对于农民来说，土地就是生存的根本，不到万不得已，是不能卖房卖地的。对于其他职业的人而言，也要明白自己的立足根本是什么，才能更加长远地立足。

◀ **思维觉醒** ▶

每个人都要有系统的眼光，都要形成系统思维。唯有坚持先把握整体再关注细节的原则，才不会犯让自己后悔的错误。通常情况下，任何问题不仅有内在关联，也与外部环境发生作用。在必要的情况下，我们要尝试着把问题与环境整合起来进行观察和分析，才能综合各种因素得出结果。当我们学会了系统思维，当我们能够坚持以整体眼光看待各种问题，我们就能更好地分析问题，处理问题。

优化组合，让平凡变得不平凡

如果有人问你1+1=？你会如何回答？你也许会不假思索地回答"等于2"，也许会突然脑中灵光一闪，意识到这个看似简单的问题也许没有那么简单，因而狡黠地说"一周加上一周就是十四天，所以一加一等于十四"。然而，你可没有想到，答案并非如此简单。从系统思维的角度去看，1+1有可能大于2，也有可能小于2，至于具体是几，则要看我们运用系统思维的效果。

所谓系统思维，就是把我们面对的各种问题、各种事物当成是整体，对这个整体进行观察和分析，并且在此过程中，优化组合该整体的各个要素，最终在最好的位置上安排最佳的要素，从而促使最佳要素最大限度发挥作用。如此一来，1+1不但大于2，还有可能远远大于2呢。

说起系统思维，"田忌赛马"无疑是非常典型而且极其成功的例子。那么，孙膑到底是如何巧妙安排，才能让田忌赢得赛马比赛的呢？就让我们一起来看看吧。

战国时期，孙膑是大名鼎鼎的军事家，最擅长战略战术。当时，齐国流行赛马，这就像是西班牙流行斗牛，很多名流贵族都喜欢观看斗牛比赛一样，齐国的上层社会中，很多人都热衷于赛马。田忌是齐国的大臣，平日里最喜欢赛马。有一次，宫里的人又要赛马了，田忌得到消息后，又马上积极地参加了。想到自己此前赛马总是输掉很多钱，被他人嘲笑，田忌觉得很没面子。这一次，他发誓要赢得比赛，因而去找孙膑帮忙。得知田忌要和宫里的人赛马，身边的人不无担心，纷纷劝说田忌打消主意："您啊，就那么几匹马，宫里好马可多着呢，其中还不乏千里马。""我劝您啊还是省点儿钱啊，次次去给人家送钱，也没人念着您的好啊！""您就是想不开，非要去赛马。"大家越是这么说，田忌越是要扳回面子。不想，孙膑却力排众议，支持田忌参加赛马，他还对田忌打起了包票："您大胆地参加，这次多多下注，我保证您赢一场大的。"田忌难以置信地看着孙膑，孙膑胸有成竹地说："放心吧，只要听我的，保证输不了。"

很快，比赛的日子到了。田忌原本想按照此前的老套路，上等马对上等马，中等马对中等马，下等马对下等马。不想，孙膑完全不按照套路出牌。他让田忌用下等马对上等马，用中等马对下等马，又用上等马对中等马。如此一来，三场比赛，田忌赢了两场，果然把此前输掉的赌注都赢回来了。

田忌没有大局意识，按照他的比赛套路，三场比赛，每一场都得输。但是，孙膑很擅长谋略，因而从全局出发考虑问题，这样才能保证田忌在三场比赛中赢得两场比赛，难得地一雪前耻。由此可见，系统思维还是一种谋略呢，尤其是在对方没有系统思维的前提下，我们运用系统思维就会占据极大的优势，胜券在握。当然，只懂得运用系统思维是不够的，孙膑的高明之处在于他优化组合系统要素，才能彻底扭转局面，反败为胜。

在生活的各个领域中，优化组合系统要素的现象都是非常常见的。例如，在现代化的农田耕作中，人们会采取交叉耕种的方式，在一定的时间内，对一块土地采取轮流耕种不同作物的方式，使土地得到休整，产量也会更高。为了提高土地的经济效益，还会在同一个时间内穿插种植。此外，还有些地区会把种植与养殖结合起来，例如著名的蟹田稻，就是在水稻田里养殖螃蟹，从而形成微生态循环系统，对于水稻和螃蟹的生长同时起到促进作用。和传统的农业模式相比，这就是系统思维、优化组合的神奇之处。

不仅在农业领域，在工业领域，也有很多优化组合的现象。例如，在进行人员配置的时候，管理者并不会盲目地要求每一位员工都是特别优秀的，但是他们会要求每一位员工都有自己的特殊技能或者是核心竞争力。由此，他们再根据每个员工的不同特点，把不同的员工组合起来，成为战斗力超强的团队。简单地说，一个团队里要有一个核心人物，负责团队的管理工作，也起到领头羊的作用；也要有很听话的员工作为中坚力量，保证完成各种任务；还要有心思比较活泛、富有创新意识的员工，这样整个团队才会充满活力。当然，根据不同的工作内容，团队里还需要公关人员、外联人员、财务人员等。这都是视实际情况决定的。

在运用系统思维的过程中，我们不能把各个要素视为独立存在的个体，而是要把这些要素视为彼此联系的整体。这样才能制定最好的协调机制，把所有要素各归其位，使得整个机体都能够达到最好的工作状态。其实，大到社会，小到家庭，在所有的组织结构中，都必须优化组合各个要素，才能让整个组织结构保持良好运转，也最大限度地提高效率，获得成果。举例而言，在家庭里，每逢周末就要进行大扫除。例如，清洁地面需要1个小时，整理卧室需要半小时，打理花园需要2小时，采购做饭需要2小时，辅导孩子作业需要半小时。那么，如果把这些事情顺次做下来，就需要整整6小时。如果能够对所有的家庭成员进行统筹安排，由妈妈负责采购做饭，由爸爸负责打理花园。在做饭的间隙中，妈妈可以辅导孩子作业；在打理花园休息时，爸爸可以负责辅导孩子作业，孩子写完作业之后，还可以给爸爸打下手，从而保证爸爸能够按时打理好花园。那么，也许只需要2小时，家里就会恢复干净清爽，而且孩子做完了作业，全家人还可以在洁净的环境里享受美味的晚餐。这就是优化组合显而易见的好处。当家庭成员之间通过磨合配合得更加默契时，说不定整体的时间还能缩短呢！

◀ **思维觉醒** ▶

总而言之，我们要以系统思维去处理问题，就必须把世界看作是多元化的，而且从功能和结构的角度优化组合世界的不同组成部分，实现新的合理组合。如此一来，我们才能实现整体大于局部相加的最终目的，也就是1+1大于2。

决策的魅力

仅从字面意义上进行理解，所谓决策，就是决定采取怎样的策略。要想做出决策，我们就要在面对生活中的各种问题时，以各种思维方式加以论证，然后做出特定的反应，并且最终决定采取怎样的策略应对问题，采取怎样的方式解决问题。其实，在很多知名的商学院中，决策可不是这样一两句话就能说清楚的，而是会有独立的研究生院系，来教会该院系的学生们如何做出明智的决策。即使在普通的商学院中，决策也是作为一门重要的课程出现的。虽然我们不知道最初设置这门课程或者设置这个专门院系的用意何在，但是，我们由此可以看出这门课程的重要性，也可以看出决策的重要性。

对于人生，很多人都有不同的理解，有人认为人生是旅程，有人认为人生是博弈，有人认为人生是选择。其实在诸多的人生观点中，选择是最贴近人生真相的。试想，谁的人生不是在一次又一次的选择中渐渐地勾勒出雏形，又在一次又一次的选择中渐渐地增色丰满的呢？说得轻松是选择，说得凝重就是决策。正是一个个决策构成了我们人生今天的样子，而这一个个决策还将决定我们人生未来的样子。

美国学者亨利·艾伯斯认为，决策分为狭义决策和广义决策。所谓狭义决策，指的是封闭式选择题，即在几种方案中进行选择，这个过程就是决策。从广义的角度来说，决策不但包括选择方案的过程，也包括做出选择前的所有活动，例如思考，例如行动。虽然绝大部分管理学学者都倾向于狭义决策，但是其实决策的本质是广义的。每个人只有首先明确决策的目的，才能了解决策的意义，也才能做到真正决策。

毋庸置疑，决策必然是有目的的，否则决策就是毫无意义的。决策的目的也许是解决一个生活中的难题，也许是完成一项艰巨的工作任务，也许是消除一个学习过程中的障碍。在这个世界上，问题形形色色，方法多种多样，没有任何方法能够放之四海而皆准，解决所有的难题。因而决策必定因问题而不同。做决策的人首先要深入了解自己面对的问题，也要明确自己解决问题想要达到的目的，才能理性地思考，从容地决策。举个简单的例子，一个人去商场里买衣服，但是在把衣服买回家之后才发现自己并不那么喜欢这件衣服，因而当即决定带着衣服返回商场。那么，他必须先想好自己的目的是退款，还是换一种颜色或者换一个款式。如果没有确定目的，就盲目地奔向商场，那么很有可能在经过导购员的劝说后就失去了主意，最终拿着衣服回到家里，又是一番懊悔。从导购员的角度来说，面对有异议的客户，也要明确自己的目的，是让客户打道回府，还是给客户退货，或者是给客户换货。因为目的不同，导购员的决策也是不同的。

不管在什么情况下，决策都意味着至少有两种可供选择的方案。例如，家里只有苹果这一种水果，你不需要选择，直接吃苹果就好。只有在家里有至少两种水果的情况下，你才需要决定自己吃哪种苹果。这就是决策必备的前提，至少有两个方案。

在进行决策的过程中，我们需要考虑的因素有很多。通常情况下，大家都愿意选择以最优方案解决问题，然而，最优方案未必能够取得最好的效果。这是因为一件事情如何解决和处理，最终想要达成怎样的目的，是倾向于获得经济赔偿，还是倾向于获得情感上的满足，目的不同，所谓的最优方案也就不同。从这一点上来说，最重要的是根据事情的实际情况，根据我们自身的真实需求，遵从内心的指引做出选择。

决策本身就是一种过程，所以在做出决策的过程中，我们很容易受到外部环境的影响，也有可能会局限于自身的主观性。为了使决策更加客观，更加理性，我们一则要消除自己的偏见，二则不要盲目地采纳他人的意见。这是因为很多人都习惯于从自身的角度出发考虑问题，所以他们提出的意见是带有强烈主观性的。此外，每个人也都会优先维护自己的利益。在这种情况下，我们既不要固执己见，也不要盲目顺从。唯有笃定地思考自己想要怎样的结果，也进行利弊分析，最终在仔细权衡之下做出理性的选择。

> ◀ 思维觉醒 ▶
>
> 一旦做出决策，就不要瞻前顾后，思前想后，否则就会犹豫不决，迟疑不定，影响后续的行动。既然想好了就去做，每个人都该为自己的决定负责，也应该勇敢地扛起属于自己的人生。

要决断，而不要武断

在很多情况下，决策是非常困难的，甚至堪称艰难。这是因为决策有时效性，越是在危急的情况下，我们越是要争分夺秒地做出决策，与此同时，还要保证决策是合理且有效的，能够帮助我们实现预期的结果，这更是难上加难。毕竟对于每个人而言，学识、能力、经验都是有限的，而且心理素质也并没有强大到不可战胜，更没有达到泰山崩于顶而色不变的程度，这样就更是会临危慌乱，六神无主。要想在最短的时间内经过理性慎重的思考，做出合理的决策，必须拥有丰富的经验，最好有处理类似事情的经验，也就是身经百战，此外，还要具有超强的逻辑思维能力，能够根据眼前蛛丝马迹的线索推断出发展前景，才能稳定心神，从容决断。

前段时间，孟晚舟女士在加拿大被限制自由行动、戴上电子监视器的事情，引起了所有国人的关注。这是因为孟晚舟身份特殊，她是华为总裁任正非的女儿，也是华为的高管。在这种情况下，眼睁睁地看着女儿遭受不公正的待遇，作为父亲的任正非一定心急如焚。他既要继续为华为掌舵，让华为平稳地发展和度过艰难时期，又要想方设法地保证孟晚舟的人身安全，可谓内外交困，忧心忡忡。这是一起突发事件，事情发生之前并没有明显的迹象，因而给人带来的冲击力也是非常大的。在这样的紧要关头，如果任正非表现得手足无措，那么华为就会军心大乱。显而易见，任正非的态度至关重要，任正非的所有决定也都举足轻重。在这种时刻，中国的所有媒体有史以来第一次整齐划一地站到了华为的身后，为华为发声，为华为鼓劲。

任正非不愧是华为的当家人，他在接受任何采访的时候都不卑不亢，沉稳镇定，表现出处变不惊的大度和从容。对于他而言，这是决策。作为父亲，他努力控制自己"关心则乱"的父女情深。作为华为掌门人，他深知这种时刻自己的一举一动、任何决断都将会产生多么大的影响力。他不仅代表着自己，也代表着华为，还代表着中国的本土企业！他，时刻牢记着自己是一名中国商人。最终，在各方努力下，孟晚舟女士重获自由，回到了祖国的怀抱。值得一提的是，作为任正非的女儿，孟晚舟的表现也充分体现出了中国商人的气度和风范。在滞留加拿大的日子里，她每一次出现都打扮得精致得体，从她从容的仪态上，任何媒体和记者都捕捉不到一丝一缕的慌乱。她知道自己代表着父亲，代表着华为，代表着中国商人。在这次危机中，华为为全中国的本土企业都做出了表率！

成功的决断，既有速度，也有力度，从华为孟晚舟事件中，我们足以看出决断的力量。从系统思维的角度而言，我们要决断，却不要武断。人是社会性动物，很多人做出的决策都不仅仅关系到自己，也关系到身边的人，甚至关系到一个团队、一家企业，还有可能关系到民族和国家。在很多企业里，每当遇到重要的事情就会开会商讨，有些思想浅薄的人认为开会是在浪费时间，其实真正明智的人会知道，开会的目的是集百家之长，因为一个人即使再充满智慧，也难免会带有主观偏见，也很容易思维局限。在讨论的过程中，很有可能制定更好的策略和方案。反之，如果搞一言堂，那就是武断。

英国心理学家奥斯本发明了头脑风暴法。只从风暴这两个字上，就可以看出这种方法是多么地彻底和深入。对于头脑风暴法，奥斯本认为要做到以下四点：首先，人人都要积极地发表意见，但是不要评论别人的意见；其次，每个人都要本能地提出更多的意见，而不要经过深入思考再提出意见；再次，每个人都要独立思考，在不讨论的情况下提出意见，哪怕这个意见听起来不可思议；最后，在最终进行讨论时，每个人都可以补充自己的意见。这就是疾风暴雨式的头脑风暴，最突出的特点就是"快"，快到甚至根本不给人思考的时间，完全是根据第一反应发表意见的。在集体中，这种方法的效率极高，尤其是在解决敏感问题时，能够保证每一个参与的专业人士都毫无心理负担地畅所欲言，因而极具创新性。不过，只有富有经验的专业人士或者是业务能力突出的人才有资格参加这样的头脑风暴，因为他们能够提供最有价值的建议，从而帮助团队在最短的时间内得出最佳方案。

除此之外，还有很多其他的决策方式，也能在短时间内做出决断，而避免武断。具体采用哪种具体的决策方式并没有一定之规，往往是由具体的决策内容、管理者的行为方式、企业的经营模式和文化氛围等决定的。无论如何，决策的目的都是以最合理的方式解决问题，因而要坚决避免以武断的方式把问题变得更糟糕。

深度思维

◀ **思维觉醒** ▶

任何人，仅凭一己之力都是无法获得成功的，关键在于集思广益，才能清醒睿智地做出最优选择。

参考文献

[1] 叶修.深度思维：透过复杂直抵本质的跨越式成长方法论[M].成都：天地出版社，2018.

[2] 苏格.深度思维[M].青岛：青岛出版社，2020.

[3] 问道.深度思维：思维深度决定你最终能走多远[M].北京：中国华侨出版社，2020.